北京市科学技术协会科普创作出版资金资助项目
我是工程师科普丛书

人因工程
从人机相宜到人机合一

方卫宁　陈悦源　王健新　裴瀚照 / **编　著**

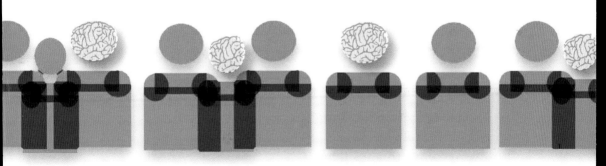

机械工业出版社
CHINA MACHINE PRESS

本书主要从工程应用角度介绍工程与设计中的人因工程学问题，全书共 6 章。第 1 章讲述了人因工程学科的历史起源与演变。第 2 章至第 5 章，通过大量工程和设计中的实际案例分析，对航空航天、轨道及道路交通、武器装备等多个领域的人因问题，从"以人为中心"的视角重新审视，挖掘其背后的人因工程学原理和相关知识。书中一些章节融入了作者所在团队在工程实践中的一些案例，并侧重从系统和产品设计的内涵层面出发，阐述人因工程学的思想本质和方法要义，其中包含了人体测量学、无障碍设计、作业空间设计、人机界面设计、人因可靠性分析、告警设计、眩光评估、事故分析与危险源辨识等人因工程学的知识和内容。第 6 章作为展望，探讨了在人工智能蓬勃发展的当下，为促进人与智能装备的人机共融，自动化信任、脑机接口等研究中人因工程所面临的挑战与机遇。

本书将知识介绍与实例分析紧密结合，内容适应多层次的读者群体，既可作为从事工程和产品设计的工程师和技术人员的科普读物，也可作为高等院校工业工程、工业设计等专业的辅助教材，也可供从事人因工程教学和研究的教师和科研工作者参考。

图书在版编目（CIP）数据

人因工程：从人机相宜到人机合一 / 方卫宁等编著. —北京：机械工业出版社，2021.9（2024.2重印）

（我是工程师科普丛书）

北京市科学技术协会科普创作出版资金资助项目

ISBN 978-7-111-60820-2

Ⅰ.①人⋯　Ⅱ.①方⋯　Ⅲ.①人因工程－普及读物　Ⅳ.①TB18-49

中国版本图书馆CIP数据核字（2022）第025164号

机械工业出版社（北京市百万庄大街22号　邮政编码：100037）

策划编辑：郑小光　责任编辑：郑小光　李　楠
责任校对：李　伟　责任印制：单爱军
保定市中画美凯印刷有限公司印刷
2024年2月第 1 版第2次印刷
169mm×225mm・14.75印张・187千字
标准书号：ISBN 978-7-111-60820-2
定价：68.00元

电话服务　　　　　　　　　　网络服务
客服电话：010-88361066　　机　工　官　网：www.cmpbook.com
　　　　　010-88379833　　机　工　官　博：weibo.com/cmp1952
　　　　　010-68326294　　金　书　网：www.golden-book.com
封底无防伪标均为盗版　　机工教育服务网：www.cmpedu.com

丛书序

　　回顾人类的文明史，人总是希望在其所依存的客观世界之上不断建立"超世界"的存在，在其所赖以生存的"自然"中建立"超自然"的存在，即建立世界上或大自然中尚不存在的东西。今天我们生活中用到的绝大多数东西，如汽车、飞机、手机等，曾经都是不存在的，正是技术让它们存在了，是技术让它们伴随着人类的生存而生存。何能如此？恰是工程师的作用。仅就这一点，工程师之于世界的贡献和意义就不言自明了。

　　人类对"超世界""超自然"存在的欲求刺激了科学的发展，科学的发展也不断催生新的技术乃至新的"存在"。长久以来，中国教育对科技知识的传播不可谓不重视。然而，我们教给学生知识，却很少启发他们对"超世界"存在的欲求；我们教给学生技艺，却很少教他们好奇；我们教给学生对技术知识的沉思，却未教会他们对未来世界的幻想。我们的教育没做好或做得不够好的那些恰恰是激发创新（尤其是原始创新）的动力，也是培养青少年最需要的科技素养。

　　其实，也不能全怪教育，青少年的欲求、好奇、幻想等也需要公众科技素养的潜移默化，需要一个好的社会科普氛围。

　　提高公众科学素养要靠科普。繁荣科普创作、发展科普事业，有利于激发公众对科技探究的兴趣，提升全民科技素养，夯实进军世界科技强国的社会文化基础。希望广大科技工作者以提高全民科技素养为己任，弘扬创新精神，紧盯科技前沿，为科技研究提供天马行空的想象力，为创新创业提供无穷无尽的可能性。

中国机械工程学会充分发挥其智库人才多，专业领域涉猎广博的优势，组建了机械工程领域的权威专家顾问团，组织动员近 20 余所高校和科研院所，依托相关科普平台，倾力打造了一套系列化、专业化、规模化的机械工程类科普丛书——"我是工程师科普丛书"。本套丛书面向学科交叉领域科技工作者、政府管理人员、对未知领域有好奇心的公众及在校学生，普及制造业奇妙的知识，培养他们对制造业的情感，激发他们的学习兴趣和对未来未知事物的探索热情，萌发对制造业未来的憧憬与展望。

希望丛书的出版对普及制造业基础知识，提升大众的制造业科技素养，激励制造业科技创新，培养青少年制造业科技兴趣起到积极引领的作用；希望热爱科普的有识之士薪火相传、劈风斩浪，为推动我国科普事业尽一份绵薄之力。

工程师任重而道远！

李培根　中国机械工程学会荣誉理事长、中国工程院院士

序　言

　　拜读了方卫宁教授等编著的《人因工程：从人机相宜到人机合一》，特别敬佩我这位同行。他用一种轻松的笔调将人因工程学这门学科描述得既完整又透彻。

　　人因工程学是门多学科综合性交叉学科，其精髓就是以人为中心的工程和设计的"天人合一"。方卫宁教授及其团队正是以此为主线，将人因工程学的方方面面都做了系统的介绍：人因工程学的起源、产品的适人性设计、工作效率的改善、武器战斗力的提升、地铁等复杂系统的安全防护和智能时代的人因工程学研究热点。该书既可以作为工程师的科普读物，也可作为教学参考书和人因工程设计的应用指导手册。

　　方卫宁教授是我国资深的人因工程专家。我多次去过他的实验室，受益匪浅。虚拟仿真高铁驾驶平台、虚拟仿真事故分析系统，他和他的同事完成了许多人因工程研究。方卫宁教授还是我国空间站人因工效专家组的成员，我们一起同事有整整四年。每次开会他都认真参加，每次评审他都给予别人中肯的评价，每次分配的任务他都积极完成。他的学识和人品是我们大家学习的榜样。

　　随着科学技术不断深入发展，人因工程学正得到迅猛的发展，以人为中心的设计无处不在。我深信方卫宁教授的这本书必定对人因工程学的学科发展和实际应用起到重要的作用。

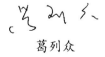

葛列众

浙江大学心理科学研究中心教授

时任中国心理学会工程心理学专业委员会主任委员

2020 年 6 月 28 日于杭州西溪

前 言

PREFACE

　　第一次接触人因工程是在 1988 年，那时候这门课程刚刚在国内工业设计专业开设，被称为人机工程，国内还没有一本像样教材，学习的时候用的是教研室老师根据国外文献自己编印的一本厚厚的油墨讲义。记得当时的人因启蒙老师，中国机械工程学会工业设计分会第一届常务理事、重庆大学的高敏教授告诉我："设计中的以人为本不仅仅是一种单纯的面向受众关怀的思考，也是一条指导设计实践的基本原则。在设计中要真正践行这一原则，就必须将人的因素、人与产品系统、人与环境的关系纳入其中，这就需要将人因工程学作为其科学和工程上的依据。"

　　20 世纪 90 年代参加工作后，我有幸开始从事轨道交通车辆的人因设计与研究工作。在当时株洲电力机车厂和戚墅堰机车车辆厂的三百多个日日夜夜里，从设计处到组装车间，我体会到了人因工程在工程应用中的前景和魅力。戚墅堰机车车辆厂原总工程师范光尧老先生曾经对我说过这样一句话："人因工程学的规则不能只是停留在纸面上，只有把它应用于产品和系统的设计中，才能体现出它的价值。"这句话至今仍然回荡在我耳边，同时也让我深深感到自己在人因工程学科理论和基础上的不足。当我们在开始致力于这个方向研究的时候，非常有幸得到了中国系统工程学会人—机—环境系统工程专业委员会主任委员龙升照研究员、航天医学工程研究所工效学研究室王丽研究员、北京航空航天大学王黎静教授的大力支持和帮助，他们那份对人因工程的执着和热爱深深感染着我。

　　人因工程这门学科在我国从鲜为人知、逐渐认知到众所周知离不开国内老一辈科研工作者孜孜不倦的追求以及我国科学技术快速发展的需要。通过与国防、核电、航天航空同行的学习和交流，我对人因工程这门学科的工程应用和科学研究有了更深入的了解。人因工程是人性化需求与工程设计之间的一座桥梁，根据国外学者 2002 年的数据统计，在工程早期设计阶段尽早将人因融入设计，费用约占总投入的 2%，但是在研发生产以后再改进人因问题，花费将占总投入的 5%~20%。通过多年的人因工程设计与实践，我一直想写点什么，希望有更多的工程技术人员能在系统和产品设计中关注人因工程。2019 年 12

月《机械工程学报》编辑部邀请我参与中国机械工程学会"我是工程师科普丛书"创作,我们的想法不谋而合。

本书各章节分工如下:第1章1.1节、1.2节,第2章2.2节,第3章3.1节、3.2.1小节,第5章5.1节,第6章6.1.1小节由方卫宁负责编写;第2章2.3节,第4章4.1节,第5章5.2节,第6章6.2节由陈悦源负责编写;第2章2.1节,第4章4.2节,第6章6.1.2小节、6.1.3小节由王健新负责编写;第1章1.3节,第3章3.2.2小节,第5章5.3节由裴瀚照负责编写。方卫宁对全书的各个章节进行了策划和修改。

在编写本书的过程中,除了我们课题组的研究成果外,我们还受到了国内诸多同行的启发,特别是中国航天员训练中心王春慧研究员、清华大学复杂系统人因工程研究中心李志忠教授和张宜静研究员、东南大学产品设计与可靠性工程研究所薛澄岐教授、北京航空航天大学周前祥教授、中国标准化研究院张欣研究员和冉令华研究员等。通过与他们的交流与合作,我们受益匪浅,在此由衷地向他们表示感谢。在此还要感谢中国心理学会工程心理学专业委员会、全国人类工效学标准技术委员会以及轨道交通控制与安全国家重点实验室对本书工作的支持。

本书的编写能在较短的时间内完成,与课题组前期的工作积累和合著者的共同努力是分不开的。从2020年1月份接到编委会的任务开始,大家克服了国内新冠肺炎疫情的重重困难,始终以饱满的热情和认真负责的态度,参与到全书编写工作之中。忘不了在这短短几个月的非常时期,彼此在"云端"反复地讨论、争执、引证、修改的场景,在此我要向本书合著者及他们的家人表示感谢,没有他们的理解、支持和帮助,难以成书。最后还要感谢上海久是信息科技发展有限公司的李彩凤女士,她协助完成了本书所有的插图设计。

本书的完成借鉴了许多国内外学者在工程和人因工程学领域的探索和成果,在此一并向他们表示感谢。由于人因工程涉及多门学科领域的交叉,涉及知识面很广,限于作者能力以及其他诸多因素,成书过程留下不少遗憾,其中疏漏和不足之处更在所难免,敬请各位专家、读者批评指正,以便今后修改和完善。

方卫宁

2020年7月

CONTENTS

目录

人因工程

从人机相宜到人机合一

CONTENTS

CONTENTS

目录

6 人机共融——智能制造的未来

什么是人因工程学

2011 年 7 月 23 日 20 点 30 分左右，北京南站开往福州站的 D301 次动车组列车运行至甬温线上海铁路局管内永嘉站至温州南站间双屿路段时，与前行的杭州站开往福州南站的 D3115 次动车组列车发生追尾事故，后车四节车厢从高架桥上坠下，如图 1-1 所示。这次事故造成 40 人（包括 3 名外籍人士）死亡，约 200 人受伤。当天 20 点 17 分 01 秒司机室信号灯故障，调度员通知 D3115 次列车司机以低于 20 km/h 的速度运行；20 点 21 分 22 秒 D3115 次列车因轨道电路故障而制动滑行，于 20 点 21 分 46 秒停车；20 点 22 分 26 秒 D3115 次列车与系统和调度员失去联系；20 点 24 分 25 秒调度员确认永嘉站具备发车条件后，命令 D301 次列车发往温州南站；20 点 26 分 12 秒调度员从温州南站值班员处得知 D3115 次列车失联，并获知其大概位置；20 点 28 分 42 秒调度员从温州南站值班员处得知 D3115 次列车停车具体位置，转目视行车模式不成功；20 点 29 分 32 秒调度员紧急呼叫 D301 列车司机注意前方停车的 D3115 次列车，此时 D301 次列车距离前方 D3115 次列车不到 400 m，D301 次列车司机虽已采取紧急制动措施，但是已经来不及了，20 点 30 分 05 秒两车发生追尾。从 20 点 26 分 12 秒调度员获知 D3115 次列车在永嘉站和温州南站之间失联，他用了 2 分半钟的时间来确定 D3115 次列车具体位置，而没有及时通知 D301 次列车停车，最终导致两车追尾事故。

▲　图 1-1　"7·23" 甬温铁路列车追尾事故

1.1　人因工程学是做什么的

从上面这个案例可以看出，像高速铁路这样复杂的安全系统，其安全性往往取决于人、软件和硬件三个要素。其中人是三个要素中最难以控制的，是安全系统中最脆弱的要素。不管采用多先进的技术，安全系统中人的影响无法消除，从设计、制造、安装到运行和维护都离不开人。人的绩效受许多因素影响，如个人的生理状况、心理状况、教育培训和经验水平、时间压力、任务复杂度、工作负荷、支持工具、人机界面、值班时段、环境条件、班组状况等。国家安全生产监督管理总局公布的"7·23"甬温线特别重大铁路交通事故调查报告中明确指出，"'7·23'甬温线特别重大铁路交通事故是一起因列控中心设备存在严重设计缺陷、上道使用审查把关不严、雷击导致设备故障后应急处置不力等因素造成的责任事故"。

自动化程度越高的系统，人的因素往往越突出，技术的进步使人更乐于挑战更高的风险，认为技术可以使风险降到足够低。自动化鼓励更复杂的系统设计，信息量更大，工作负荷更集中，任务更复杂，结果是：人更容易失误，失误造成的后果可能更为严重，传统上不造成严重后果的失误可能变成致命性的失误。对于一个复杂系统，如果仅考虑其软硬件，可能会得出可靠度非常高的结论；一旦把人的失误考虑进去，其可靠度通常就大大降低了。

任何产品和系统都是由人设计和制造出来的，像高铁、核电、载人航天飞船这些复杂系统不仅具有规模大、组分多、层次多、非线性、开放性、动态综合等特征，且安全可靠性要求高，人与系统交互密切。中国载人航天工程副总设计师陈善广少将在2017年第二届中国人因工程高峰论坛上曾指出，"人的复杂性表现为生物层面和思维层面的双重复杂性，任何人造物的复杂性都难以与人的复杂性比拟，复杂系统的人机交互就是多个复杂体之间的交互，必然会呈现不确定性和不可预测性"。

人的本性常常使我们更容易注意到系统或产品出现问题的情况，而对正常情况往往不会太在意。正是这些问题促使我们去诊断故障、解决问题，搞清楚究竟发生了什么。对这些问题的解决，也就是人因工程学对系统或产品设计的重要贡献。美国著名学者 C. D. 威肯斯在其《人因工程学导论》一书中将人因工程学的目标具体定义为在人机系统中提高系统绩效，增进系统安全，提高作业者的满意度。其实人因工程学研究的是应该如何设计和制造人造物，使之达到上述目标。

在实现人因工程学的目标时，绩效、安全和满意度这三者之间有时是存在冲突的。比如绩效，它可以涉及减少失误，也可以是增加产出（加快产出速度），然而加快作业速度有时会引起作业者的失误，进一步可能危及生产安全。图 1-2 是人因工程学解决工程和设计问题的基本思路，它描述了作业者与其所在系统的交互作用。

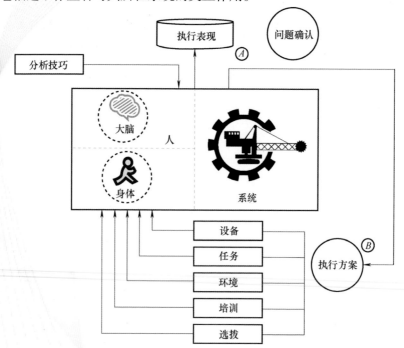

▲ 图 1-2 人因工程学解决工程和设计问题的基本思路

在实际的工程和设计中，通常是通过设备设计、任务和环境设计以及人员的选拔和培训来实现人因工程学的目标。在图 1-2 中，A 点需要根据人机系统的执行表现来确定系统人—机交互中的问题。为了达到此目的，需要将人的生理、心理和认知特性与系统作为一个整体来考虑，采用任务分析、统计分析以及事故/故障分析等工具来明确问题的所在。

设备设计是通过改变工作中物质工具的特征来解决问题；任务设计是通过改变作业者所做的事情，而不是改变他们所用的设备来解决问题；环境设计即改变环境因素，比如改善工作场所的照明，控制温度和降低噪声，从广义上来讲，环境因素也包括工作时所处的工作氛围，例如改变组织结构或其他组织特征，以使作业者能更关注生产安全并参与其中；培训即通过教学和实践提高某一工作所需要的体力和智力，使作业者能更好地从事这一工作；选拔则是根据人与人之间在物理和心理维度上的差异，制订相应的标准，找到适合于某项工作的人。

上述任何一个或者全部的方法都可以用来"解决"问题，通过对人机系统绩效的再测量可以进一步明确问题解决得怎么样。从图 1-2 中可以看出，在 A 点的干预是为了对系统存在的问题进行修正，而更重要的是在设计阶段提前避免系统出现问题，人因工程学在工程和设计中的应用正在于此。

1.2 人因工程学是如何诞生的

1.2.1 人因工程学的思想萌芽源远流长

图 1-3 是陕西临潼姜寨遗址出土的仰韶文化时期的小口尖底瓶，距今有 5 000~7 000 年的历史。它高 41 cm，口径 5.8 cm，泥质红陶，杯形小口、细颈、深腹、尖底，腹偏下部置环形器耳一对，腹中上部

拍印斜向绳纹，用于汲水。因为其底尖，容易入水，入水后又由于浮力和重心关系自动横起灌水，同时，由于口小，搬运时水不容易溢出。正是由于这些宜人性的优点，小口尖底瓶成为仰韶文化最典型的器物之一。

从这里可以看出，器物要与人的使用因素相适应。这种朴素的人因工程学设计思想萌芽并不是出现在现代，而是早在远古时期就存在了，它伴随着整个人类文明的发展。

▲ 图 1-3 仰韶文化时期的小口尖底瓶

《考工记》是我国现存年代最早的关于手工业技术的文献，是我国春秋战国时期齐国的官书，全书共 7 100 余字，记述了木工、金工、皮革、染色、刮磨、陶瓷六大类 30 个工种的内容。书中对于一些器物宜人性的阐释非常精彩，这里我们摘选两段关于兵器的描述。

"故攻国之兵欲短，守国之兵欲长。攻国之人众，行地远，食饮饥，且涉山林之阻，是故兵欲短；守国人之寡，食饮饱，行地不远，且不涉山谓林之阻，是故兵欲长。凡兵，句兵欲无弹，刺兵欲无蜎。是故句兵椑，刺兵抟。"

"凡为弓，各因其君之躬，志卢血气，丰肉而短，宽缓以荼。若是者为之危弓，危弓为之安矢，骨直以立，忿埶以奔。若是者为之安弓，安弓为之危矢，其人安，其弓安，其矢安，则莫能以速中，且不深。其人危，其弓危，其矢危，则莫能以愿中。"

其大意如下：进攻方的兵器要短，防守方的兵器要长。攻方的人员行军路途远，饮食短缺，而且要跋涉山林险阻，因此兵器要短；守方人员一般数量较少，饮食充足，行路不远，而且不用跋涉山林险阻，因此兵器要长。用于劈杀的兵器，如大刀、剑戟，使用中有方向性，应该避免容易转动的弊病，因此它的握柄截面应该制成椭圆形，使用中可凭手握柄杆感知信息，无须眼看，便可掌握刀刃、钩头的方向。用于刺杀的兵器，如枪矛，使用中没有方向性，为避免握柄在某一偏薄方向容易弯曲，它的截面应该做成圆形。

凡制作弓，需要根据使用者的身材尺寸和性情而定。胖而矮、性情温和而行动迟缓的人，要配置强劲急疾的硬弓，劲疾的弓配以柔缓的箭。而刚毅敏捷、暴躁性急、行动迅猛的人，则要为他配置较为柔缓的弓，柔缓的弓配以劲疾的箭。如果性子慢的人用软弓，易延误时间，箭行的速度快不了，自然不易命中目标，即使射中了也无力深入敌体。性子急的人用硬弓，则过于急促，会影响命中率。

在《考工记》中关于不同兵器应采用不同截面握柄的见解，深入到了不依赖视觉进行信息传递的层面，已经令人赞叹，而关于不同身材和性情的人应配以不同性能弓箭的论述，可以称之为心理学工程应用的典范，更加令人叫绝。

图 1-4 为 1968 年在河北省保定市满城县（今为满城区）出土的西汉鎏金铜灯，又名长信宫灯。宫灯的形态为一梳髻的跣足侍女正坐在地，手持铜灯。整件宫灯通高 48 cm，重 15.85 kg，由头部、右臂、身躯、灯罩、灯盘、灯座 6 个部分分别铸造组成，头部和右臂可以组装拆卸，便于对灯具清洗。灯盘分上下两部分，可以转动以调整灯光的方向，嵌于灯盘沟槽上的弧形瓦状铜板可以调整出光口的开口大小，以控制灯光的亮度。宫女铜像体内中空，其中空的右臂与衣袖形成铜灯灯罩，可以自由开合。燃烧的气体灰尘可以通过宫女的右臂沉积于宫女体内，不会大量飘散到周围环境中。

▲ 图 1-4 长信宫灯

可以看到，在整个灯具设计中都充斥着人—物相宜的思想，将灯的实用功能、净化空气的原理和优美的造型有机地结合在了一起，体现了古代匠人卓越创造的才能和当时的科学技术水平。像这样器物与人相宜的设计在我国古代的历史长河中数不胜数。"工欲善其事，必先利其器"可以说是我国古代人—物相宜思想的代表性体现。

1999 年希腊学者 Nicolas Marmaras 在 *Applied Ergonomics* 上发表了一篇名为《古希腊的工效学设计》的文章，从概念和实践两个层面，通过大量的实例对 2 500 年前古希腊工作适应于人的人因设计思想进行了阐述。在古希腊，大理石是用于建筑的主要材料，帕特农神庙的石柱底座重达 10 t，而 8 个过梁或楣则重达 13.5 t。古希腊的神庙通常修建在山顶，为了减轻重量、方便运输，大理石的大部分雕琢工作都是在采石场完成。这样一方面减轻了需要运输的大理石的重量，另一方面雕琢在平地完成，提高了工作的安全性。图 1-5 是一辆由人力或动物牵引用于运载石材的滑车，山顶设置有一滑轮机构让一对滑车上下移动，下行的滑车、骡马和人的重量均被巧妙地用于提升上行运载石材的滑车。为了保证滑车的安全，防止上坡时滑车后退，古希腊人利用多层制动拉绳控制运载石材滑车的运行速度，并用三角木车靴来阻止上行滑车溜车，这种制动方式一直沿用至今。

▲ 图 1-5 运载滑车

古希腊剧院以其优良的声学效果和观众席位的可观看性而闻名于世。图 1-6 所示是位于雅典的 Dionysos 剧院，整个剧场以 18°~32°（平均 25°）的斜坡呈凹圆形，为了增强音效，在剧场布置了大量的铜管。另外还有许多设计细节也充分体现出古希腊人对宜人性设计的思考，例如座椅席位的下部空间沿着人的小腿形状向内弯曲，这一方面有利于人在长时间观看演出时脚部的活动，保持下肢的血液循环畅通，防止久坐麻木；另一方面可以在人从席位站立起身时，为脚提供后部支撑，使人的重心前移以免摔倒。此外，设计师在观众席位布局设计时还特别在席位长凳间设置了围绕舞台中心呈放射状的纵横相间的通道，以方便观众快速入席和撤离剧场。

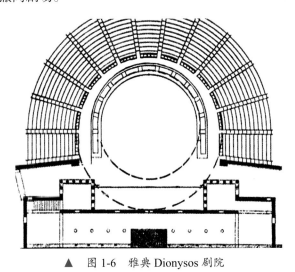

▲ 图 1-6 雅典 Dionysos 剧院

　　尽管在公元前人因工程这门学科还没有形成，但无论是在中国还是在世界其他地方，以人为中心的设计理念已经被中外的能工巧匠用于了器物的研制，可以说人因工程学思想的萌芽在人类历史上源远流长。但是在相当长的一段时间里，它还仅仅是人们的一种"自发的思维倾向，本能的行为方式"，还不能称其为一门学科，因为一种观念没有升华为明确的、具有普遍性的理论，就不具有对一般事物的普适性。仅有处理某一种、某一类事物的正确方法、观念，但没有对于一般事物进行系统、科学的研究，未曾通过经验实证的方法对其现象进行归因，形成系统化和公式化的知识，也就不可能成为一门学科。下面本书将从人因工程学科思想的演进来揭示这门学科发展的历程。

1.2.2　对劳动工效的苛刻追求——人因工程学的孕育

人因工程学的发展与科学技术的发展具有密不可分的关系，不少学者认为早期的人因工程学是以 19 世纪 80 年代和 90 年代初的工业化运动为起点，以古典管理理论的代表人物弗雷德里克·温斯洛·泰勒（F.W. Taylor，1856—1915）和弗兰克·吉尔布雷斯（F.B. Gilbreth，1868—1924）的科学管理研究为标志。

泰勒是最早开始对人与工具匹配问题进行研究的学者，他认为"人的自然本性是懒惰和低效"，因为没有人愿意自觉提高工作系统效率。1898 年泰勒在伯利恒钢铁公司（Bethlehem Steel Company）发现，不论铲取矿石还是搬运煤炭，都使用铁锹进行人工搬运，雇佣的工人多达五六百人。优秀的搬运工一般不愿使用公司发放的铁锹，宁愿使用个人的铁锹，同时每个班组长要管理五六十名搬运工，而且涉及的作业范围十分广泛。在一次调查中，泰勒发现搬运工一次可以铲起 3.5 磅(lb，1 lb=0.453 592 4 kg）的煤粉，而铁矿石则可铲起 38 lb。为了获得一天最大的搬运量，泰勒开始着手研究每一铲最合理的铲取量。他找了两名优秀的搬运工分别用大小不同的几种铁锹进行实验，每次都使用秒表记录时间。最后他发现铁锹铲 21.5 lb 时，一天的物料搬运量为最大，同时他还发现，在搬运铁矿石和煤粉时，最好使用不同的铁锹，图 1-7 所示是泰勒铁锹实验的设计手稿。此外，他还开始进行了一系列提高工作效率的实验，例如着手制订生产计划，改善基层班组长的职责管理范围；进一步制订一天的工作定额，对超额完成工作量的员工实施工资以外的额外奖励，对达不到标准定额的员工，则对他们进行作业分析，指导他们改进作业方式，促使他们达到作业标准。泰勒的这一系列举措，使原本需要五六百名员工的搬运作业减少到使用 140 人就可以完成，同时还大大减少了材料的浪费。

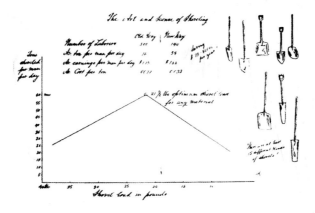

▲ 图1-7　泰勒的铁锹实验设计手稿

　　泰勒进行科学管理研究的宗旨是使机器生产所要求的机器运动，同人与作业之间、人与工作组织形式之间建立起最佳匹配关系，把人的无效活动降到最低。泰勒的研究特别重视"测量"的概念，认为只有通过测量才能找到提高生产效率的途径，并且要用测量来验证改善的绩效。他在研究中采用了数据收集和统计分析的方法，这些方法奠定了人因工程学的研究基础。

　　吉尔布雷斯是早期动作研究的先驱，非常热衷于时间动作研究。他在工厂实践中发现，收益分享制和奖金制存在的一个通病，就是它们在完成作业所需的时间规定上都缺乏科学的依据，因而对作业过程就无法给予合理的指导和控制，而这一点，对雇主和工人双方来说都是极为重要的。动作研究的核心就是把作业动作分解为最小的分析单位，然后通过定性分析，找出最合理的动作，以使作业达到高效、省力和标准化的方法。其中最为著名的就是砌砖实验。吉尔布雷斯利用当时问世不久可连续拍摄的摄像机把建筑工人的砌砖作业过程拍摄下来，如图1-8所示，进行详细分

▲ 图1-8　吉尔布雷斯的砌砖实验

人因工程

从人机相宜到人机合一

解分析，精简掉所有非必要的动作，并规定严格的操作程序和动作路线，让工人像机器一样刻板"规范"地连续作业。这使效率大为提高，每小时的砌砖数从 140 块跃升到 350 块。

早期人因工程学的另一位重要人物是德国心理学家雨果·闵斯特伯格 (Hugo Munsterberg，1863—1916)，他首先将实验心理学应用于工业生产，1912 年出版了《心理学与工业效率》一书。他的研究主要集中在以下几个方面：如何鉴别个体的素质和心理特点，并根据个体的素质及其心理特点把他们安置到最适合的工作岗位上；在什么样的心理条件下，可以让工人发挥最大的干劲和积极性，从而能够从每个工人那里得到最大的、最令人满意的产量；以及如何使人们的头脑中获得工业活动所希望产生的最佳印象，即在心理上如何能够保证实现人们的理想。有人把他的研究内容概括为三句话，即"最最合适的人""最最合适的工作"和"最最理想的效果"。

从泰勒到闵斯特伯格，可以看出他们的理论和研究内容都成了日后人因工程学知识体系中的重要组成部分。这一时期工作的重要意义在于，提高工作效率的概念从此不再是一种自发的思维倾向，它已经开始建立在科学实验的基础上，具有了现代科学的形态。这一时期研究的核心内容是如何最大限度地提高人的工作效率，更多地强调"使人适应于机器"或"使人适应于工作"，而判断人因工程学产生的理论基点是"使机器适应于人"。

1.2.3 "二战"中武器装备与人的适配性问题——人因工程学的诞生

"二战"期间，制空权是交战各国必争的焦点之一。惨烈的空战首先在战斗机的设计上打响，这是一场凭借想象、智慧与国家科技综合实力的"隐形的战斗"。工程师和设计师最先在实验室展开了激烈较量，设计生产出的战斗机一旦投入战争，它设计和生产上的任何缺陷，即使对于那些最勇敢、最富有经验的飞行员来说，也意味着死亡。

在追求战斗机具有更快的俯冲速度和爬升速度、更优异的转弯性能和高空滞留时间以及所携带武器的精确性和火力强度同时，飞机内仪表及控制件的数量显著增多，例如，"一战"时法国斯帕德 S.VII 战斗机上的控制器不到 10 个，如图 1-9 所示；而"二战"时美国 P-51 野马战斗机上控制器增加到了 25 个，如图 1-10 所示。由于操作复杂、不灵活和不符合人的生理尺寸而造成战斗命中率低以及机毁人亡等现象经常发生，这引起了军方的注意。B-17 是美军"二战"初期主要的战略轰炸机，1943 年美国赖特帕特森空军基地的航空医学实验室工程心理学家阿尔方斯·查帕尼斯（Alphonse Chapanis，1917—2002）博士在调查 B-17 轰炸机跑道坠毁事件（图 1-11）时发现，糟糕

▲ 图 1-9 "一战"时法国斯帕德 S.VII 战斗机驾驶舱

▲ 图 1-10 "二战"美国 P-51 野马战斗机驾驶舱

的驾驶舱设计是导致事件发生的主要原因之一。当时轰炸机的驾驶舱控制器件外形完全相同且平行排列，如图 1-12 所示，其中一个控制飞机襟翼，另一个控制飞机起落架。在着陆过程中，疲劳的飞行员有时会因两个控制器分辨不清而误操作，从而极易导致飞机坠毁。

可以看到，在高空复杂多变的气候条件下控制飞行，本来就不轻松。驾驶战斗机与敌机格斗，要高度警觉地搜索、识别、跟踪和攻击敌机，躲避与摆脱对方的威胁，在十分紧张的时间压力下，在警视窗外敌情的同时，还要巡视、认读各种仪表，立即做出判断，完成多个飞行与战术动作，更是不易。因此，此时不可能再采用泰勒时

▲ 图 1-11　B-17 轰炸机坠毁现场

▲ 图 1-12　B-17 轰炸机驾驶舱

期的思想，即挑选若干合适的人来配合既存的工作。同时人的生理机能是有一定限度的，并非通过训练就能突破，飞机的设计必须与人的生理机能相匹配，要避免人的局限性给飞行带来的消极影响。

　　1947 年实验心理学家 Fitts 和 Jones 从行为和心理学角度对飞机驾驶舱的控制旋钮有效配置进行了研究，莱特菲尔德 (Wright Field) 航空医学研究中心对高空救援、自动降落伞操作装置、机舱增压时间表、呼吸设备、重力防护服和空中疏散设施中人的耐受力极限进行了实验，并成功地将实验心理学的研究成果应用于工程设计，大大减少了飞行员的失误，保障了作业安全，提高了作业绩效。这种利用实验室技术来解决工程应用问题的方法，对未来人因工程学研究方法的发展有着十分重要

的影响。

在"二战"期间，各国科技界在致力于提高武器系统性能夺取战争胜利的同时，还发现人的因素会制约武器系统性能的发挥，而继续调动人的能力又会受到人自身的心理、生理极限的限制。只要求"人适应于机器"是不够的，武器系统的设计必须与人体解剖学、生理学、心理学因素相适应，这就是现代人因工程学产生的背景。

在"二战"即将结束的 1945 年，美军陆航团和海军都建立了工程心理学实验室。1949 年 7 月 12 日在英国海军部的一次会议上，英国工程心理学家莫雷尔（Hwyel Murrell）教授将"ergonomics"定义为"研究人与工作环境之间的关系"，并将其作为新的学科名称。有趣的是，ergonomics 这个名词是由波兰籍教授 Wojciech Jastrzebowski 在 1857 年提出来的，它由两个希腊词根"ergo：工作"和"nomics：规律或法则"缀接而成，意思为工作的规律或法则。这个新的学科名称及涵盖的研究内容被提出以后获得了各国学者的认同。1949 年 9 月 27 日，英国人因工程学会在当时海军部的伦敦安妮女王大厦成立，同年美国学者查帕尼斯撰写的第一本人因工程学专著《应用实验心理学：工程设计中人的因素》出版，这也就意味着现代人因工程学的诞生。至此，人因工程学的思想完成了一次重大的转变：从使人适应于机器和工作转而强调机器的设计应适合人的因素。

1.2.4 向民品等广阔领域延伸——人因工程学的发展与成熟

虽然在"二战"后，从事军事心理、生理学研究的许多学者离开了军队，但是他们在人员选拔、测试、培训、分类以及武器设备的设计和操作方面所做的大量工作对战争及人因工程学科未来的发展方向产生了深远的影响。直到 20 世纪五六十年代，在工程和设计方面，人因工程的研究和应用还主要局限于国防工业和装备。

"二战"结束后，由于美苏冷战、太空竞赛和载人太空飞行的尝试，人因工程学迅速成为太空计划中的重要部分，美国国防部支持的研究实验室大规模扩张，推动人因工程学迅猛发展，同时引发了对人类绩效等其他问题的关注。美国在"二战"期间建立的实验室没有缩减反而不断扩大，如加利福尼亚大学在圣迭戈建立的人因工程实验室后来成为美国海军电子实验室。实验室的人因工程部门由专门从事心理物理学、人体工程学以及声呐设备和声呐人员培训的三个分支机构组成，第一个分支主要研究人类听觉和视觉能力，第二个分支主要研究如何以合适的机器形式利用人的这些能力，第三个分支则研究如何最好地培训人员来操作这些机器。后来通过扩展和重组，最后发展成现在的美国海军研究与发展中心。"二战"后，在美国这样的研究机构非常多，帕森斯（Parsons）在 1972 年曾进行过统计，当时美国有 43 个独立的人体工程学和工程心理相关的实验室和项目，这些机构一直在不断发展，为社会提供了大量非常有价值的人因工程学研究信息。

战后人因工程学的发展也为民用工业创造了机遇，由于战时军方参与军事体系建设规模空前，许多民用行业都受到军队的支持和支配，不少航空业大型企业如麦克唐纳 - 道格拉斯公司、马丁·玛丽埃塔公司、波音公司和格鲁曼公司等都将人的因素的研究作为其工程组织的一部分。在"二战"期间，人因工程学的研究对象主要集中在较小的设备组件上，如单个控件和显示器；战后学者则开始尝试对大型和更复杂的系统进行开发和测试。例如，"二战"后不久，贝尔实验室提出的信息论引起了人因工程学者的关注，他们将工程模型引入人因实验，将物理的输入（在显示器上看什么）和输出（在控制器上操作什么）当作人的刺激和人的响应，将人的输入 - 输出或传递方程与机器的输入输出方程相结合，展开了人机系统的研究。这一时期，人因工程学的应用在美国已经扩展到军事和太空领域之外，许多电子通信、制药、汽车和其他消费品公司也都成立了人因工程组，展开人因学相关工程应用的研究，工业界开始承认人因工程对产品制造的重要性和巨大贡献。

20世纪70年代计算机技术的发展和应用使人因工程应用领域不断扩大。20世纪60年代，人因工程对计算机系统的贡献很大程度上还局限于对接口硬件（如计算机终端键盘）的关注，直到1970年个人计算机（PC）出现后，PC的使用带来了行为上的问题才引起了人们的重视。针对人与计算机的交互设备易用性，设计用于促进非技术人员使用PC软件促成了图形软件包、图标、窗口、下拉菜单和鼠标等人机交互技术的开发。

另外，自动化程度的提高对系统性能的影响开始受到关注。有人指出，人在与自动化系统交互中的作用正在发生变化，这对系统的设计和人的绩效的衡量产生了深远的影响。在自动化程度较高的系统中，人的工作性质、作用和方式发生了很大变化。以往许多由人直接参与的作业，现已由自动控制系统所代替，人的作用由操纵者变为监控者或监视者。例如飞机玻璃驾驶舱的出现，这种综合显示系统收集了所有的飞行和管理信息，将其分布到主显示器和多功能显示器上。飞机自动化带来的问题不仅是系统本身，它与人在管理自动化系统时的注意力、知觉和认知也密切相关。许多自动化问题都是在人和系统的交互过程中产生的，要解决这些问题就离不开人因工程。

20世纪80年代以来，人类经历了多次大规模的技术性灾难。发生在1979年的美国三厘岛核电站事件，虽然没有人员伤亡，但是差点导致核泄漏的严重后果。随后的灾难事件就没有这样幸运了，1983年12月4日，印度博帕尔的联合碳化物杀虫剂厂发生了异氰酸甲酯泄漏，导致2万余人直接致死，50万余人间接致死。两年后，1986年4月26日，苏联切尔诺贝利核电站爆炸失火，使大量人群暴露在有害辐射之中，数百万英亩的土地受到放射性污染，波及人数高达60万余人。3年后的 1989 年 10 月 23 日，一场大爆炸席卷了美国的得克萨斯州 Philips Petroleum 塑料厂，爆炸威力相当于 10 吨 TNT 爆炸，造成 23 人死亡，130 多人受伤。所有这些事件的主要原因是对人的因素重视不够，是人为失误所造成的。直到 21 世纪，此类事件还在不断发生，如 2011 年 3 月 11 日由于地震在日本引发的福岛核电站泄漏事故，严重程度与切尔诺贝利核事故同级。因此，如何保证重大系统的安全和可靠成为人因工程学科研究的又一重要领域。

随着社会技术的进步，现在人因工程在航空航天、国防装备、交通运输、医疗卫生、汽车电子、建筑设计、核电工程等诸多领域得到了日益广泛的应用。人因工程学的科学与实践不再局限于某一特定领域，而是形成了以用户为中心的多学科的集成，以往的"机器适应于人"的目标已经无法满足其发展需求，它更关注的是人机环境整个系统，其重心是系统中的人，探究的是人的生理、认知、社会技术、组织、环境和其他相关因素，以及人与人之间，人与环境、工具、产品、设备和技术之间的复杂相互作用。有人说 20 世纪 50 年代是军事人因学的十年，60 年代是工业人因学的十年，70 年代是消费者人因学的十年，80 年代是人机交互和软件的人因学的十年，可以说人因工程学的发展史其实就是"以人为本"的思想在工程和设计领域的运用和实践的历史。其"以人为中心"的科学思想、设计方法论和技术目前在推进信息化与工业化深度融合，提升产品品质，推动智能装备、可穿戴智能产品、虚拟现实技术、人机交互等技术快速发展等方面正在发挥着越来越重要的作用。

人因工程作为一门应用学科，必须能在应用中帮助解决工程和设计中的实际问题，否则，这门学科将失去其价值，也不利于其发展。国际人类工效学学会（International Ergonomics Association，IEA）2010 年就人因工程学的影响力和学科未来发展问题专门成立了一个策略委员会来研究对策。美国人因与工效学会（Human Factors & Ergonomics Society，HFES）2000—2001 年度主席 William Howell（2001）认为，人因工程学的目标是建立一个"工效化"的世界，并提出以"分享理念"模型与其他学科共同分享人因工程学的理念。人因工程学所倡导的"以用户为中心设计"和"用户体验设计"等理念已被其他学科 (如工业设计、心理学、社会学、环境行为学、计算机科学等) 认可、分享，并且正付诸实践。

基于人的认知信息加工理论的工程心理学是人因工程学科的基础理论，20 年来，许多人因工程学家尝试采用不同的途径来补充和丰富信息加工理论，来进一步探索人因工程学科的技术和途径。这些探索从深度和广度上拓展了人因工程学科研究的新技术和新途径。其中，神经人因学、认知工程、协同认知系统和社会技术系统是典型的代表，已开始被广泛地应用在人因工程学研究和应用中，为人因工程学科在新一波技术革命中的研究和应用提供了新技术和新途径。

1.3　什么是人因工程学

人因工程的英文名称通常对应为 ergonomics 或 human factors，也有人将其翻译为人类工效学或人机工程学、工程心理学。"ergonomics"和工作的物理方面有着传统的联系，而"human factors"与认知参与有很大的关系，但不可否认的是，越来越多的学者对两者在本质上是指同一个知识体系的认识趋于一致，关于人因工程不同学者给出过各种不同的定义，见表 1-1。

表1-1　不同学者对人因工程学的定义

时间	学者	人因工程的定义
1984	Clark T.S. and Corlett E.N.	对影响设备、系统和工作设计的人类能力和特征的研究，其目的是提高效率、安全和福祉
1986	Brown O.and Hendrick H. W.	人与其职业、设备和最广义的环境之间的关系，包括工作、娱乐、休闲、家庭和旅行情况
1986	Howell W. and Dipboye R.	人机系统设计
1987	Mark L.S. and Warm J.S.	试图优化人与环境之间的契合度
1989	Meister D.	行为原则在设备和系统的设计、开发、测试和操作中的应用
1992	Wickens C.D.	将知识应用于设计可行的系统，适应人类表现的极限，并在此过程中利用人类操作者的优势
1993	Sanders M.S. and McCormick E.G.	为人类使用而设计
1995	Chapanis A.	关于人类能力、人类局限和其他与设计相关的人类特征的知识体系
1997	Hancock P. A.	将人机对抗转化为人机协同的科学分支
2000	Wilson	对人类在有目的的相互作用的社会技术系统中行为和表现的理解，以及在实际环境中对相互作用的设计的应用，其中，社会技术系统可以是任何东西，从使用牙刷的人到整个住宅小区，从监控火车运行的司机到整个铁路网

　　1961年成立的国际人类工效学学会IEA在2008年对人因工程学给出了新的定义：人因工程是研究系统中人与其他组成部分之间交互关系的一门学科，并运用其理论、原理、数据和方法进行设计，以优化系统的整体性能和人的福祉。

　　从这个定义中可以看出人因工程是一门系统学科，其研究是建立在实验科学的方法之上的，研究的对象是系统中的人与系统其他部分的交互关系。人因工程的核心思想是以人为本，技术是协助人类的工具，目标是提升人们的生活质量，尊重个体差异，并对所有利益相关方负责。

　　有学者认为人因工程的任务是设计一种生活方式支持系统。人因工程学不仅涉及人的安全和健康，还涵盖人的生活和工作中认知和社会心理等方面，它既可以针对设计中微观工效，如作业流程、环境、执行任务的设备和工具的设计，也可以针对设计中的宏观工效，如工作组织、岗位类型、技术的使用、工作角色、沟通与反馈等。所有这些因素都要从人、技术和环境三要素之间的相互关系以及系统设计变更对系统所有组成部件的影响来进行研究，体现了产品和系统设计整体的思想。

　　在工程和设计中引入人因工程能有效地排除作业人员健康危险，减少事故发生的可能性与严重性。通过平衡人员岗位数量与复杂系统自动化投资来减少整个系统寿命周期的费用，还可以在系统开发早期确定潜在的系统可用性、人力与培训问题，减少研发费用与风险。另外还能通过分析使用者机体、心理和职业能力和限制来改善系统性能，通过改进工作环境、设计符合使用者的任务来提高系统水平与性能。

　　许多因素在人因工程学中发挥着作用，这些因素包括身体姿势和动作（站、坐、举、推和拉）、环境因素（噪声、振动、照明、气候、化学物质）、信息和操作（从视觉或其他感官获得的信息、控制器、显示器和控制器的关系）以及工作安排（适当的任务、有趣的工作），这些因素在很大程度上决定了人在工作和生活中是否安全、健康、舒适和高效。人因工程从人文和工程学科的各个领域中汲取知识，包括人体测量学、生物力学、心理学、生理学、机械工程、工业设计、系统工程、信息技术与管理等，通过借鉴和融合，将这些领域的知识汇集在一起，有针对性地采取具体方法和技术来解决系统中人的问题。人因工程在系统设计中是一个逐步迭代的过程，它是由设计驱动的，最终目的是达到绩效和福祉的最优。

　　有这样一个故事：魏文王问扁鹊，你们家兄弟三人，都精于医术，到底哪一位最好呢？扁鹊答："长兄最好，中兄次之，我最差。"魏文王又问："那么为什么你最出名呢？"扁鹊答："长兄治病，是治病于病情发作之前，由于一般人不知道他事先能铲除病因，所以他的名气无法传出去；中兄治病，是治病于病情初起时，一般人以为他只能治轻微的小病，所以他的名气只及本乡里；而我是治病于病情严重之时，一般人都看到我在经脉上穿针放血，在皮肤上敷药手术，所以以为我的医术高明。"

人因工程就是扁鹊的长兄，随着自动化程度的提高，现在许多装备和系统变得越来越复杂，使得在产品实体生产出来之后难以进行更改或者更改成本太高。频繁改进的成本往往惊人。根据学者 Alexander 2002 年的数据统计，在工程早期设计阶段尽早将人的因素融入设计，费用约占总投入的 2%，但是在研发生产以后再改进人因问题，费用将占总投入的 5%~20%，因此，在很多系统和产品的设计之初，就应该从人因工程学的角度予以充分的考虑。

人作为一个系统模型（Human-As-A-System Design Model，HAAS）从 1987 年提出就被成功地应用于国际空间站等大型工程项目，美国国防部（United States Department of Defense，DoD）和美国国家宇航局（National Aeronautics and Space Administration，NASA）等部门已经将人因工程以学科的形式纳入到工程体系。HAAS 强调系统是最终为人设计的，人应该作为整个大系统中的一个系统进行考虑，人因工程必须在系统开发过程中起到重要作用，以保证人机界面设计合理。这里我们以 NASA 以人为中心的设计活动（Human-Centered Design，HCD）为例，可以看到目前在工程项目中人因工程学是如何实施的。

HCD 过程主要包括了解需求、方案设计和方案评估三个部分，如图 1-13 所示，其中由设计和评估测试迭代构成的反馈回路对设计方案进行不断的修正。HCD 强调整体顶层 / 迭代的以人为中心系统设计 / 开发过程，强调在螺旋 / 迭代设计中要更注重在研制早期阶段进行优化概念设计，强调对 HCD 过程的管理与迭代应贯穿于系统工程的整个生命周期以及多学科专业团队的合作之中。HCD 的核心是：时刻考虑系统性；用户负有与系统安全相关的关键控制职责；确保系统与人的能力、需求和局限性相匹配；主动从用户评价中收集数据，进行设计和评估的迭代；综合应用多学科方法开展设计。HCD 纳入工程项目后，会将用户的需求、约束和能力整合到产品设计过程中，以达到用户满意度最大化。

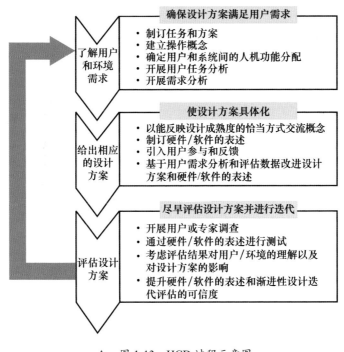

▲ 图 1-13　HCD 过程示意图

随着我国科技的进步和工业化与信息化的飞速发展，近 20 年来在国家载人航天工程、"863"计划、"973"计划、重大科学仪器设备开发专项的支持下，我国人因工程研究和应用扩展到了国际空间站的工效需求和测评、民用大飞机驾驶舱人因工程学设计和适航认证、智能交互显示、核电站人机交互中的工效和可靠性设计、认知建模和医疗人因设计等领域，取得了一大批原创理论和技术成果，为推动我国人因工程技术水平和认识水平提升奠定了基础。进入 21 世纪，人因工程思想日臻成熟，技术、方法得到全面提升，"以人为本"的设计理念和方法更是被装备制造、产品研发领域所追逐，"中国制造 2025"工业化发展新蓝图为人因工程推动设计创新提供了广阔的机遇和舞台。

由中国航天员科研训练中心人因工程国家级重点实验室倡议发起的中国人因工程高峰论坛，从 2016 年至今已连续举办了四届，吸引了航天、航空、核电、高铁、互联网、医疗、科研、制造等诸多领域的专家、学者和工程技术人员参加，引起社会各界的广泛关注，促进了人因工程在智能装备、创新设计、医疗健康、智慧城市、互联网和国防安全等领域的探索。与会的专家们一致认为，中国的科技经过几十年的追赶，已经在摸索中找到了自信，在工业设计和工业制造中加入"人—机—环境"的深度互动研究，加入对人的心理和情绪的全面关怀研究，不仅能助推中国科技的跃迁，也将为世界的前沿科技和经济发展贡献更安全可靠的中国方案。

2017 年 9 月 12 日《中共中央　国务院关于开展质量提升行动的指导意见》明确指出："鼓励企业优化功能设计、模块化设计、外观设计、人体工效学设计，推行个性化定制、柔性化生产，提高产品扩展性、耐久性、舒适性等质量特性，满足绿色环保、可持续发展、消费友好等需求。鼓励以用户为中心的微创新，改善用户体验，激发消费潜能。"目前，我国的人因工程学科主要分布在工业工程、应用心理、工业设计、人机与环境工程、安全技术及工程等专业中，表 1-2 列出了我国人因工程相关学科与专业分布情况，包括目前其所属学科专业、设置院校、所属机构等。

表 1-2　我国人因工程相关学科与专业分布情况

学科名称	定义	学科专业	设置院校	所属机构	机构建立时间/年
人因工程	研究系统中人与其他组成部分之间交互关系的一门学科，并运用其理论、原理、数据和方法进行设计，以优化系统的整体性能和人的福祉	工业工程	清华大学、东北大学、西安交通大学、北京交通大学等	中国人类工效学学会	1989
人机工程		工业设计	湖南大学、同济大学、东南大学、北京理工大学等		
安全人机工程	从安全的角度出发，以安全科学、系统科学与行为科学为基础，运用安全原理以及系统工程的方法去研究在人—机—环境系统中人与机以及人与环境保持什么样的关系，才能保证人的安全	安全技术及工程	中国矿业大学、中国科学技术大学、中南大学、北京科技大学等	中国职业安全健康协会	1983
工程心理学	一门采用心理学及相关学科的科学研究方法，通过对人机环系统中人、机器和环境界面的研究，实现界面优化、从而提高工作和学习效率、创造舒适环境、防止事故发生的学科	应用心理学	中国科学院大学、浙江大学、陕西师范大学、浙江理工大学等	中国心理学会工程心理学专业委员会	2013
人机环境系统工程	运用系统科学理论和系统工程方法，正确处理人、机、环境三大要素的关系，深入研究人—机—环境系统最优组合的一门科学，其研究对象为人—机—环境系统	人机与环境工程	北京航空航天大学、西北工业大学、哈尔滨工业大学、南京航空航天大学等	中国系统工程学会人—机—环境系统工程专业委员会	1987

可以看到，当前新一波的技术革命、社会和人的新需求为人因工程学科的进一步发展提供了一个历史机遇。随着国家发展战略的需要，人因工程正在被逐步纳入到绿色制造技术、新一代信息网络技术、智慧城

市和数字社会技术等新兴产业技术体系中，人因工程学科对人才的需求呈现出快速增长的趋势。在第二届中国人因工程高峰论坛上多位院士与相关领域专家共同发起了《发展人因工程助推"中国制造 2025"行动倡议书》，倡议书中明确指出"把发展人因工程纳入国家（国防）重大战略，助推中国迈向制造强国，加强人因工程学科建设和重点实验室建设，加大科研投入，促进人因工程理论创新与应用研究，大力发展人因工程的大学教育和职业培训，加强人因工程师资和人才队伍建设"，人因工程这门学科在我国正在焕发出蓬勃的生机。

产品适人性设计的指南针

2

2.1 迟到的太空行走

2019 年 3 月 25 日，因为没有合身的航天服，美国国家航空航天局（NASA）取消了两名女性航天员的太空行走计划。26 日凌晨，NASA 发布"任务简报"，宣布 29 日原定的全女性太空行走取消，任务改由 Christina Koch 和男航天员 Nick Hague 合作完成。原因是 Anne McClain 在 22 日已经完成过一次太空行走，她发现她的舱外航天服"内衣"——上身玻璃纤维硬壳（Hard Upper Torso，HUT）不合身，"中等"号码更合适，但到 29 日仅有一件中号航天服可供使用，只能满足一名女航天员出舱着装要求。因此 NASA 地面任务管理人员在与 McClain 等人沟通后决定更改任务部署。

美国约翰逊航天中心发言人 Dean 解释到，国际空间站上航天员可以根据身材差异选择不同的航天服部件加以组装。目前空间站中的 HUT 有中号（M）、大号（L）和特大号（XL）三种，每种都有两件。NASA 根据航天员在地面训练时使用的航天服尺寸预测其在太空中需要的号码，但是，航天员的身材在太空微重力环境中会有所变化，McClain 自 2018 年 12 月进入国际空间站以来，身高已经"长高了"5 cm，这或许是其没有合适号码航天服的原因。

在恶劣的太空环境中，航天服是否靠谱，决定着航天员是否能够生存下来。航天员在失重状态下，有时需要穿着一百多公斤的航天服出舱工作 7 h，航天服不合身会影响航天员手、手腕、手臂的灵活配合，甚至可能导致航天服与空间站碰撞、刮蹭等事件。

一个真实的例子就是人类的第一次太空行走。在 1965 年 3 月 18 日的"上升二号"任务过程中，苏联航天员阿列克谢·列昂诺夫（图 2-1）在走出气闸舱后发现他的航天服开始膨胀，他身着的"金鹰"舱外航天服（图 2-2）质量有 90 kg，由于航天服内压力过高，使其成刚性，在出舱过程中整个隆起，就像膨胀的气球，导致屈腿弯臂这样简单的动作执行起来都非常困难。当他试图回到气闸舱时，无法屈腿爬回去。他的心律一下达到每分钟 190 次，呼吸的频率增加一倍，体温上升到 38℃。他对同伴失声喊道："我回不去了！"是啊，没有人在太空行走过，谁知道航天服在太空中会发生什么状况呢。当时列昂诺夫的氧气供给已经只剩下不到 15 min，好在列昂诺夫机灵，他违规把航天服的压力从正常的 40 kPa 降低到危险极限 27 kPa，释放了头罩的安全装置。这样他梢微能弯腰了，并且设法使脚尖越过了舱门的门槛。这个动作起到了杠杆作用，在经历了极其痛苦的几分钟后，他勉强钻回气闸舱，因为是头先伸进去的，他费了

▲ 图 2-1 航天员阿列克谢·列昂诺夫

▲ 图 2-2 苏联"金鹰"舱外航天服

很大劲才转过身来锁闭舱门。从发现航天服膨胀到关闭舱门前后不过 210 s，列昂诺大的体重却一下减少了 2.5~3 kg。由此可见，对航天服的尺寸、大小、耐压程度进行精确的计算是生死攸关的大事。

2.1.1 量体裁衣的人体测量

服装的设计与人体的形态特征（人体尺寸、体型、体表面积、人体曲率）、运动特征（关节可活动范围、皮肤伸缩度、肌肉膨隆度、骨骼移动量）以及生理特征（自身体温调节能力、皮肤表面温度、无

感觉蒸发、出汗、分泌物）密切相关。舱外航天服是为航天员出舱活动准备的，它不同于一般的服装，它的结构非常复杂，具有加压、充气、防御宇航射线和微陨石袭击等功能，航天服里有通信系统，还有生命保障系统。从本质上讲，航天服就是小型化的载人航天器，航天员生存所需的一切都包含在了他们所穿的航天服中，航天服保护航天员免受各种外太空威胁、维持最佳的作业状态，因此航天服的合身适体非常重要。

航天服这个超小型载人航天器的尺寸该如何设计呢？这其中就涉及人体测量问题。人体测量学是一门研究和测量人体尺寸的科学。早在我国的宋朝就开始利用人体测量进行募兵。宋太祖赵匡胤是武将出身，对士兵的身高尤为重视。他挑选军中精壮士兵作为"兵样"，派赴各地，要求按照"兵样"来遴选兵源。后来觉得挑选"兵样"派赴各地的做法过于繁琐，于是就改为用木头标记尺寸，称为"等长仗"，用来测量应募兵源的身高。对于应召者，根据身长、体魄以及技巧等确定等级，再按等级编入不同部队，凡"亢健者"拣入禁兵，"短弱者"即入厢兵。其中对士兵身高的要求为：五尺八寸（约 180 cm）以上为上等，五尺五寸（约 170 cm）以上为合格；低于 170 cm 的需要加试挽弓的力道，这些选拔标准对保证当时的兵员质量起到了十分重要的作用。

直到现在，各国兵员招募中人体尺寸仍然被广泛使用。以美国空军飞行员招募为例，其报名条件要求身高 162.6~195.5 cm，坐姿高度 86.4~101.6 cm。如果部署的武器系统只能被一小部分美国人使用，美国空军可能会把一些最有潜力的飞行员及空勤人员拒之门外。因此美国空军生命周期管理中心目前正在进行一项研究，目的是提出一个更具包容性的人体测量标准，该标准将包括符合美国空军招募条件的 95% 的美国人口，以确保武器平台从开发的最初阶段就能适应各种身材体型对武器的使用要求。

可以看到，人体测量学对我们来说并不陌生，人体尺寸数据为服装、设备及作业空间设计提供了科学的依据，它不仅可以使服装量体合身，同时还能使设备及作业空间的高度、间隙、握力、范围等适用于预期作业者的身体尺寸。人体尺寸数据目前已经被广泛应用于消费产品的制造，如服装、汽车、家具、手持工具等。

工程和设计中经常用到的人体尺寸主要有静态尺寸和动态尺寸，人体的静态和动态测量数据均包含人体构造尺寸和功能尺寸，如图2-3和图2-4所示。人体构造尺寸研究人体在各种姿态下的参数，而功能尺寸则是任务导向的，研究任务状态下的人体特性。一般情况下人体静、动态尺寸的测量必须遵循相关的标准，例如国标 GB/T 5703—2010《用于技术设计的人体测量基础项目》规定了人因工程学使用的成年人和青少年的人体测量术语，该标准规定，只有在被测者姿势、测量基准面、测量方向、测点等符合有关规定的前提下，测量数据才是有效的。

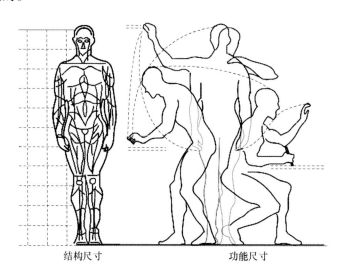

结构尺寸   功能尺寸

▲ 图 2-3 人体构造尺寸与功能尺寸

人因工程

从人机相宜到人机合一

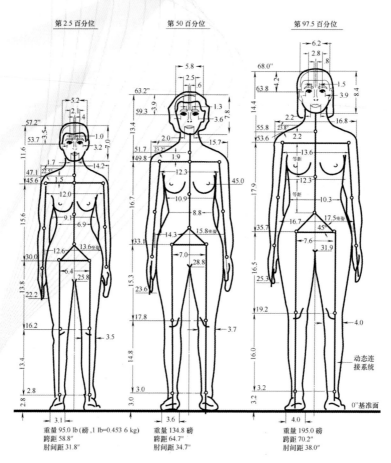

▲ 图2-4 美国成年女性立姿人体尺寸（单位：in，1 in=2.54 cm）

1. 静态尺寸

静态尺寸是在身体处于固定(静止)状态下测量的,包括骨骼尺寸(两关节中心的距离,如肘腕间距)和外形尺寸(皮肤表面尺寸,如胸围)。许多不同的人体特征都可以被测量，比如 NASA 的 1978 年第 2 期《人体测量资料集》就列举说明了 973 项这类的测量，并给出了来源于世界范围调查的特定测量数据，其中许多项的测量有非常特定的应用场合，如设计头盔、耳机和手套。

人体尺寸的测量值是随着年龄、性别和种族等因素而变化的，男性和女性在人体测量学上的差异是十分明显的。有关数据表明 20~25 岁之前是人体状态的上升期，35~40 岁之后状态就开始下滑，而且女性身体状态的衰减比男性快。就平均而言，成年女性的体态数据大约相当于同龄男性的 92%，多数情况下，成年男性的尺寸大于成年女性，但在某些方面，如大腿围和臀围等，男性与女性的尺寸没有显著差异；还有一些方面，如皮脂厚度等，女性大于男性。身体尺寸与比例关系因种族和国籍的不同也会有很大差异，美国空军一项调查表明，黑人与白人平均身高相同，但黑人男性的四肢比白人长，躯干比白人短；还有学者通过研究发现，一个为 90% 的美国男性而设计的仪器，将适用于大约 90% 的德国人，80% 的法国人，65% 的意大利人，45% 的日本人，25% 的泰国人和 10% 的越南人。

为了在工程设计中处理各种人体测量尺寸的差异性，要将人体测量数据作为统计分布值加以分析。由于绝大多数的人体测量数据都符合正态分布，因此正态分布是人体测量学中最常用的统计分布。

在工程设计中，人体测量学的数据通常以百分位数为指标。一个百分位数代表了人体尺寸等于或小于某一数值的人占总人数的百分比。这一信息在设计中特别重要，它可以帮助我们估算某一具体设计的适用人群在整个用户群中所占的比例。例如，如果一个设备检修口的宽度是中国成年男性肩宽的第 50 个百分位，那我们可以估计出，这个检修口大约 50% 的中国成年男性可以通过，而另外 50%（肩较宽）的人通不过。在设计中最常用的是第 5、第 50 和第 95 三种百分位数。其中第 5 百分位数代表"小"身材，是指有 5% 的人群身材尺寸小于此值，而有 95% 的人群身材尺寸大于此值；与之相对的，第 50 百分位代表"中"身材，第 95 百分位代表"大"身材。

2.动态尺寸

动态尺寸是对人体作业姿态（即身体各部分依照空间参考点运动时）的测量。例如，手掌绕腕关节的屈伸度和尺桡关节绕腕的活动范围就属于动态尺寸。此外，上肢可达区也是一个重要的动态数据。如一个站立的人右手所能触及的范围就被定义为右手的立姿上肢可达区，它为立姿作业时右手的作业空间设计提供了精确的数据信息。

虽然动态尺寸更能代表人体的实际活动，但是由于静态人体测量远比动态人体测量易于操作，因此，相关资料也比动态尺寸多很多，目前尚不存在将静态尺寸数据转化为动态尺寸数据的方法。学者 Kroemer 曾列举了几点建议，为设计者估计动态设计参数提供了参考：

- 高度（身高、眼高、肩高、臀高）应缩减 3%；
- 对于举臂作业，肘关节高度应增加 5%；
- 如果作业者需要舒适不费力操作，前伸和侧伸距离应减少30%，如果允许肩膀和躯体有一定的活动空间，那么前伸和侧伸距离可增大 20%。

航天服的设计就涉及航天员的静态和动态人体尺寸数据，静态尺寸数据是为了满足不同性别、身材和种族航天员的穿着要求；动态尺寸数据则主要是要考虑航天员着航天服后对其作业活动的影响，这对于太空作业任务的完成以及航天装备的设计有着十分重要的影响。

苏联航天员列昂诺夫的经历给了 NASA 启发，美国在实施"双子星座"计划时改进了舱外航天服。改进后的航天服关节处不再用纤维连接，而改用压力气囊和内部网状衬里，在封入空气压的压力囊外蒙上了一层用特氟纶混纺材料织成的网，即使空气压力使航天服整体膨胀也容易弯曲。这就使衣服在加压状态下也能保持相对灵活，具有极佳的运动性，有效扩展了着装后肢体的活动范围，航天员进入太空后在轨道上很容易进行会合或入坞的活动。

2.1.2　人体尺寸在工程和设计中的考量

人体测量数据给产品和作业空间设计提供了严格、精准的基础数据，但在工程和设计中如何利用这些数据，还是需要依据一定的系统性分析方法。在人体尺寸数据应用中有三大基本原则，每种原则适用于不同类型的情况。

- 极端设计

在现实世界中，我们设计某些特征时应该努力使其适合于所有的目标人群。在一些情况下，某一特定设计的尺寸或特征是约束某些人使用该设备的限制因素，这些限制因素可以采用最大值或最小值来规定目标人群的变量或特征。其中第 95 百分位男性数据和第 5 百分位女性数据在极端设计中是最常采用的参数即最大和最小设计。比如，飞机逃生舱口的尺寸，如果选择第 95 百分位的男性人体尺寸，则人体尺寸小于第 95 百分位的男性人体尺寸的人（即 95% 的人）均能安全逃生；同理，如果要设计一个控制按钮到操作者合适的操作距离，如果选择第 5 百分位女性可达域作为操作距离，则人体尺寸大于第 5 百分位的女性人体尺寸的人（即 95% 的人）均能方便操作。对于一些具有更高设计要求的情况，可采用女性第 1 百分位和男性第 99 百分位的人体尺寸进行设计，以满足更多极端身材人群的使用。

- 可调设计

某些装备或设施的特征可以设计成能够依照各种人体尺寸的使用者来进行调节，例如汽车驾驶座椅、方向盘、办公桌椅、可升降的工作台等，在这些设施的设计中，通常采用可调装置的形式来涵盖相关群体特征中从女性第 5 百分位到男性第 95 百分位的范围。

在美国"空间运输系统"项目（Space Transportation System

Project）之前，航天服都是预先定做的，根据每位航天员的身材尺寸量体制作，费工费时，而且只能用一次就报废送博物馆了，实在有些浪费。NASA 从 1981 年开始研制新一代舱外机动套装（Extravehicular Mobility Units，EMU）。由于太空行走的主要作业任务由手完成，因此手套的适配性显得非常重要，除手套需要专门定制外，EMU 航天服有 3 种尺寸的硬壳躯干，4 种尺寸的腿部组件，7 种尺寸的手臂组件，2 种尺寸的腰部组件和靴子组件，每位航天员只要从中选择合身的各部分进行组合，就可以得到一套满意的航天服，如图 2-5 所示。而且航天服使用以后，可以把它小心地再分解，对各个部分认真清洗后能够再次使用，使用寿命可达 15 年以上。

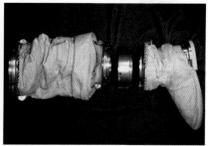

▲　图 2-5　EMU 航天服长度不同的手臂、腿部套件分别通过转接环与躯干连接

- 平均设计

　　如果由于种种限制条件导致设计者不能使用极值或可调设计，那么可以考虑使用人体测量数据中第 50 百分位的平均值，例如办公室内灯的开关就是依据人的平均身高尺寸设计的，尽管这不是每一个员工的理想高度，但与那种极高或极低的开关位置相比，这种设计更适合多数员工。

　　在人体测量数据应用于解决特定的工程和设计问题时，并没有一套非常完美的程序可供遵循，这是由现实问题中环境的多样性以及被设计对象所针对个体的差异性所造成的，在设计中人体尺寸数据的应用既是科学也是艺术，人体尺寸数据在实际工程应用中可以参考以下步骤，如图 2-6 所示：

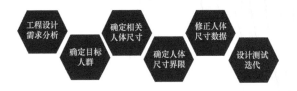

▲ 图 2-6 人体尺寸数据工程应用一般步骤

步骤 1 确定工程和设计中哪些人体尺寸对解决设计问题最重要。

步骤 2 确定使用该设备或设施的人群百分比，即确定需要考虑的人体尺寸范围。

步骤 3 确定所采用的人体尺寸数据运用原则。

步骤 4 根据实际情况确定人体尺寸百分位，即应选择相关尺寸的哪个百分位：第 5、第 95 还是其他百分位？选择男性数据还是女性数据？

步骤 5 对人体测量标准中的人体尺寸数据进行修订，人体尺寸数据大部分是不着装在某种特定姿势的条件下测得的。这种方法有助于规范测量的标准，但不能适应实际工程和设计的需要，需要进行适当着装和姿势的修正。

步骤 6 制作所设计设备或设施的原始尺寸实体模型，然后选择具有代表性的大尺寸和小尺寸的使用者实际模拟具有代表性的作业，对设计进行评价。

上述步骤中步骤 6 这一步是十分重要的，因为各个人体尺寸均是在标准化测量中分别测得的，但是在实际作业任务中，各尺寸之间可能存在着交互作用，实体模型能够揭示潜在的交互作用，帮助设计者纠正设计中的错误。例如航天服的测试就十分严格，通常分为地面测试、浮力测试和太空测试，在测试中不仅要考虑航天服的合身性、人体尺寸适配性，还要考虑着装后对航天员作业活动能力、作业活动空间以及视野域和太空失重环境下引起的人体尺寸变化的影响。

为应对在以往宇航经验中发现的舱外航天服缺陷，NASA 在 2019 年 10 月 15 日推出其改进版 xEMU（Exploration Extravehicular Mobility Unit，xEMU），如图 2-7 所示，这也是 50 年来美国再次发布登月航天服。

虽然新一代舱外航天服与目前国际空间站上使用的 EMU 看起来非常相似，但它在舒适性、适应性、灵活性上得到了很大提升。在发布会上对 xEMU 进行介绍时，NASA 的航天服

▲ 图 2-7 xEMU 示意图

设计师 Amy Ross 说："这套航天服可以让第 1 百分位的女性到第 99 百分位的男性都可以顺利穿着。"可见其设计体现了全尺寸的理念，能有效克服目前航天服设计中尺寸约束的问题，可以避免 2019 年 3 月出现的由于没有合身航天服，航天员无法执行太空任务的情况。

为了保证航天服与航天员身材具有良好的适配性，NASA 约翰逊航天中心会提前对航天员计划在太空行走期间开展的基本动作和姿势进行全身 3D 扫描，借助这些 3D 模型，NASA 将航天员与模块化的航天服组件互相匹配，从而帮助航天员选择更合适的，具有最佳舒适度、活动范围的各部分组件，同时还可以减少航天服不匹配引起的皮肤不适，图 2-8 所示为 NASA 利用计算机仿真 xEMU 检查上肢活动情况。

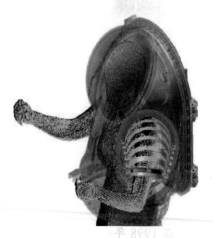

▲ 图 2-8 计算机仿真 xEMU
检查上肢活动情况

　　传统航天服可执行的腿部动作不多，航天员们在月球表面作业时，不得不采用"兔子跳"的行动方式，非常容易摔倒。从阿波罗计划停止以来，航天服大多用于太空站外行走，更注重上半身的灵活性，毕竟主要工作是空间站维修，下半身没有行走任务，航天服没有太大的发展。而为登月设计的xEMU航天服，下半身提供了更强的机动性，采用了更先进的材料和关节轴承，可在臀部弯腰和旋转，在膝盖处增加了弯曲，采用了具有弹性鞋底的远行靴。航天员可以做出更大、更灵活的扭腰、弯腰、蹲坐以及转身动作，进一步扩展了其动态作业活动空间和范围。与此同时，xEMU为应对手部作业需求，对上肢部分更新了肩部设计，使航天员可以更自由地移动手臂，并轻松地将物体举过头顶，图2-9和图2-10所示为身穿xEMU航天服的航天员在做出一套举手、深蹲、捡石头的示范动作。

▲　图2-9　xEMU让航天员顺畅地下蹲采集地面样本　　　　▲　图2-10　xEMU让航天员可以高举手臂

2.2　吞噬农民兄弟手的"恶魔"

　　在1998年的中央电视台（现为中央广播电视总台，简称央视）"3·15"晚会上，有这样一则报道，云南某厂生产的青饲料切碎机由于设计不合理，相继斩断了 2 000 多名农民的手指和手掌。青饲料切碎机是当时普通农村家庭常见的一款电动饲料切碎加工工具，善良的当地百姓一直认为这是由于他们自己操作不小心造成的，丝毫没有怀疑是厂家生产的工具问题，直到央视记者曝光了这一事件。

1987 年 12 月路易斯安那州立大学工业工程系的 F. Aghazadeh 在 *Applied Ergonomics* 期刊上发表了一篇名为 "Injuries Due to Hand Tools" 的文章，作者从美国不同州政府机关调查了解有关手工工具的工业伤害情况，结果显示与手工工具相关的伤害事件约占全部与工作有关的赔偿伤害事件的 9%，在所有的与手工工具相关的伤害中，动力工具仅占约 21%，导致伤害最常见的工具是非动力工具如刀具、扳手和锤子等。

2.2.1　手工工具带来的职业伤害

人与动物的最大区别在于对于工具的使用。工具在日常工作生活中满足了人们诸多一般性的作业需求和大量特殊环境下的应用，然而我们往往会忽视工具以及其他手持器具的设计，而把注意力集中在比较复杂的设备上。人们经常会有这样的想法，100 万年的人类进化经验使得手工工具与器具的制造非常适合于人的使用。而实际上 100 万年的时间并不是宜人设计的保证，许多手工工具和器具并没有设计得能让人既高效又安全地进行操作——特别是对于重复性作业。

例如锉刀是一件再普通不过的手工工具，是用于石材、木材、金属精加工和锐化的工具之一。人类最早的锉刀出现在石器时期，是用石材制成的，具有粗糙的边缘，可以对其他石材工具进行锐化。考古学家在地中海的克里特岛发现的最古老的金属锉刀距今已经超过 3 400 年，公元前 7 世纪亚述人开始使用铁制锉刀，与此同时英国的凯尔特人使用金属锉的记载也可追溯到公元前 666 年，这些锉刀都是手工锻造的，只有通过热处理才能使金属变得坚韧，并使其具有弹性和耐久性。罗马人第一次用文字记录下了锉刀可以用于将物品加工成为不同的形状，锉刀多数为平面的，有些为半圆形，可以锉削平面和凹凸面。

到了 13 世纪时，人类的锻造技术已经提升到可以生产更小、更精确的锉刀，13 世纪的法国装饰性铁制品就是锉刀精湛工艺应用的标志。1490 年，莱昂纳多·达·芬奇（Leonardo Da Vinci）设计了第一台锉刀制作机，如图 2-11 所示，目的是为了保证所有制作出的锉刀具有良好的精确性和一致性。直到 1836 年瑞士的工具制造商 F. L. Grobet 才建造了一种精密的锉刀制作机器，从此可以生产出统一规格和精度的锉刀，这种锉刀模式一直沿用至今。

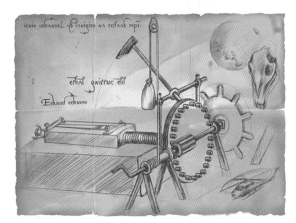

▲　图 2-11　达·芬奇设计的第一台锉刀制作机图纸

机器生产的锉刀已经有 160 余年的历史，我们会发现不少锉刀的手柄都是直柄，如图 2-12 所示平板锉刀，从金属锉刀诞生至今未变。在我国不少高等院校里都设置有金工实习的课程，许多人在初次使用钳工的平板锉时常常会感觉手和腕部不适，作业时间一长，更是感到酸痛难忍。可以看到锉刀的历史是与人类发展历史同步的，但是它的设计

▲　图 2-12　钳工用的平板锉刀

并不是在所有的应用场合都是宜人和高效的。

　　手工工具的合理设计需要从技术、解剖学、运动学、人体测量学、生理学、卫生学等方面进行考虑，手工工具不能被孤立地设计，需要与作业空间进行整合考虑，作业空间的合理设计可以有效弥补设计不合理的工具的缺陷。例如，1998年"3·15"案例中的青饲料切碎机，如果生产厂家合理地设计了加工作业面的高度或者有效保证了送料口与人手作业的安全距离，那么这个悲剧就不会发生了。

　　人的手是一个复杂的结构，如图2-13所示，它由骨骼、血管、神经、韧带和肌腱组成，手指的屈曲由前臂肌肉控制，这些肌肉依靠穿过手腕管道的肌腱与手指相联结。由于手腕关节（图2-14）结构的关系，手掌只能作两个平面的运动，这两个平面之间大致形成直角，如图2-15所示手部掌屈背屈与尺偏桡偏。第一个平面容许的是手掌作前后屈曲，向前的称为掌屈，向后的称背屈；第二个运动平面则是手掌的左右偏向，偏向拇指侧的称为桡偏，偏向小指侧的则称尺偏。

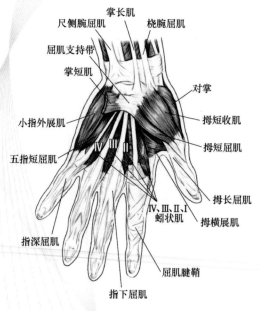

▲　图 2-13　手部解剖结构

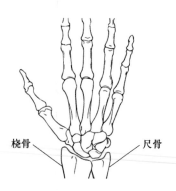

▲　图 2-14　腕部的尺骨和桡骨

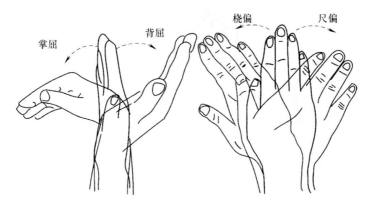

▲ 图 2-15 手部掌屈背屈与尺偏桡偏

当手腕与前臂成直线时没有任何问题，然而如果手腕弯曲，特别是掌屈或尺偏时，问题就出现了——肌腱弯曲并团挤在腕管里。手部持续这样的动作就会导致腱鞘炎，例如将螺丝拧进孔中，使用钳子将铁丝弯成环。如果腱鞘炎进一步发展就会发展成腕部管综合征，其主要症状是手部麻痹、失去感觉和抓握能力，并最终导致手部机能丧失。

除尺偏以外，其他类型的手腕弯曲也可能会引发问题。桡偏，特别是当它与内旋和背屈状态同时出现时，就会增加肘部的桡骨头与肱骨小头之间的压力（图 2-16）。当建筑工人在头顶上批泥子时，就是以这种方式握持刮刀，这样会导致网球肘（一种肘部的组织炎症）。其实无论手腕向任何方向弯曲，握力都会减少，握力的减少可能会增加工具失控或掉落的风险，从而导致作业者受伤，而在这种手腕弯曲状态下如果要努力去保持大的握力将会增加作业者的疲劳度。

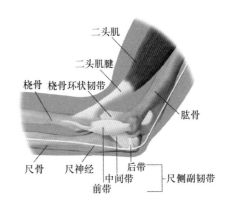

▲ 图 2-16 肱二头肌和桡骨联结的肘关节

在操作手工工具时，常常需要手掌用到相当大的力量，例如紧握老虎钳钳切或用刮漆刀刮抹油漆，这样的动作会在掌心汇聚相当大的压力，而掌心的肌肉恰恰最薄弱，同时还分布着重要的血管和神经，特别是有尺动脉与桡动脉。抵近掌心的用力会压迫血管，阻碍尺动脉的血液流动，引起局部缺血，从而导致手指麻木和刺痛。

在某些情况下，如果在手工工具作业中过度使用食指做扣扳机的动作，会伤害食指肌腱，导致肌腱外的肌鞘分泌大量的滑液，也会形成腱鞘炎。其典型症状是可以弯曲手指，但是无法主动伸展，手指必须借助外力才能伸直。

2.2.2 如何让工具设计更宜人

工具大大增强了人类的工作能力，如果没有这些工具人们几乎无法安全地完成工作，然而，设计不合理的工具不仅影响工作质量和效率，而且还会伤害人的身体，引发累积性损伤。根据 2.2.1 节中分析的在使用手工工具时手部易受到的损伤，其实我们就可以得出以下三条最重要的手工工具设计原则：

（1）避免手腕弯曲　不恰当的上肢和手部姿势会伤害肌肉骨骼系统，在使用工具时，手腕应保持是直的而不是弯曲或扭曲的，即手、腕、前臂应该保持在一条直线上。如果工具的手柄是直的，则使用时手腕需要弯曲，而手柄若是弯的，则手腕可以是直的。

（2）避免掌心压迫受力　人的手掌心是非常脆弱的，这里聚集了大量的传导神经、动脉和指关节滑膜。如果可能，手柄应该设计得具有较大的接触面，以便在较大的区域来分布压力，并将这些压力引导至不敏感的区域，例如拇指和食指之间的坚韧组织，这样就能防止压力作用于掌心。

（3）避免重复的手指动作　设计工具的控制器时应该尽量避免频

繁地使用食指，可以考虑由拇指来完成控制器操作，拇指是唯一完全由手掌最强壮而又短粗的肌肉来执行弯曲、伸展和对抗等动作的手指，当然使用拇指操作时也不能过度伸展，因为这样也会导致疼痛和炎症。优于拇指控制器的设计是连指控制器，让除拇指外的其余四指共同承担负荷来完成控制操作。

除此之外，我们在设计手工工具时还需要考虑工具各种把柄间距的最大握力；工具设计应保证操作安全，例如在可能夹到手的地方，可以事先设计一个止进装置或制动装置，以防止手柄的完全合拢而伤到手，工具上的尖角和锐角则必须修圆；同时还要考虑妇女和左撇子对工具的使用，全世界的人口中有 50% 是妇女，有 8% ～ 10% 是左撇子，显然这些差异对工具的设计有着十分重要的影响。

我们不妨再回到锉刀的话题，由图 2-17 所示直柄平板锉磨削金属平面时常见的作业姿势不难发现，在作业时握手柄的右手存在严重的尺偏，长时间使用直柄平板锉易造成手腕酸疼甚至损伤。如何对其改进呢？其中一项重要的原则就是避免手腕弯曲，让右手的手腕保持伸直状态，尽量用工具的弯曲代替手腕的弯曲，下面我们就来看看从人因工程学角度进行实验改进设计的过程。

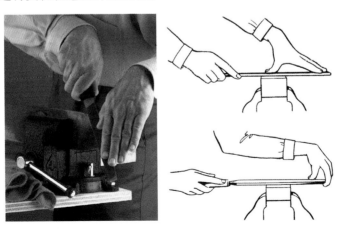

▲ 图 2-17　直柄平板锉磨削金属平面时常见的作业姿势

实验变量：自变量为手柄与刀身角度，分别为 50°、60°、70°、90°、180°，手柄长度为 100 mm、刀身长度为 254 mm、其余尺寸规格完全一致的五种类型平板锉。因变量为手臂的作业姿势、手臂的疲劳程度、被试心理偏爱程度、平板锉的作业效率和作业精度。

实验被试：20 名健康的惯用右手操作的男性作业者，有 3 年以上的工作经验，通过相应钳工技能考试，并取得技能证书。平均年龄 25.1 岁，平均身高、肘高和平均体重分别为 171 cm（标准偏差 3.7 cm）、107 cm（标准偏差 3.5 cm）、68.8 kg（标准偏差 4.2 kg）。

实验仪器：握力计、SONY HDR-520 摄像机、Morae 视频分析软件、高精度电子秤、标准平面度板、主观心理偏爱程度评分量表。

实验分两个阶段进行。第一阶段，每名被试分别对五种类型的平板锉进行规定动作次数的锉削，完成 500 次和 1 000 次锉削动作后测量铁块净重。从 250~255 次、750~755 次锉削动作，用摄像机记录此期间被试右手腕桡骨和尺骨偏转角度（每人 600 帧）。实验完成后测试被试右手的最大握力，并征询他对这把平板锉的看法。

第二个阶段，每名被试分别对五种类型的平板锉进行规定时间的锉削，用平板锉工作 20 min，用一块标准平面度板测试工件的平直度。

实验结果见表 2-1~ 表 2-4。

表 2-1 直柄和弯柄平板锉造成的桡骨 / 尺骨偏转的平均角度

平板锉类型		桡骨 / 尺骨偏转的平均角度
直柄		−23.2°
弯柄	90°	+9.2°
	70°	−4.0°
	60°	−3.9°
	50°	−6.9°

表 2-2　使用五类平板锉时被试的右臂握力分析

平板锉类型		握力的减少量 /N	握力减少量（%）
直柄		49.3	8.7
弯柄	90°	25.7	5.6
	70°	19.9	4.5
	60°	19.4	4.4
	50°	24.5	5.3

表 2-3　使用五类平板锉的平均作业效率和作业质量

平板锉类型		作业效率（铁屑 /g）	作业质量（平直度（%））
直柄		13.61	75.73
弯柄	90°	10.67	71.32
	70°	16.43	73.5
	60°	16.68	73.5
	50°	14.97	80.92

表 2-4　被试对五类平板锉的心理偏爱程度

平板锉类型		被试选择的百分数（%）	心理偏爱程度评分
直柄		0	3.0
弯柄	90°	0	2.8
	70°	70	6.2
	60°	100	7.4
	50°	20	5.8

从实验结果可以看出，在评估作业时的桡 / 尺偏程度、握力减少量和心理偏爱程度时，50°~70° 的弯柄平板锉体现了较好的优越性，尤其以 60° 弯柄平板锉最好。当然，我们对一把工具的评价在关注其人因工效的同时，还必须保证其功能、作业效率和质量不能降低。50°~70° 的弯柄平板锉在改善手部损伤的同时，其作业效率和质量并

没有降低。今后各种各样的手工工具将继续在我们的工作和生活中扮演十分重要的角色。虽然手工工具已经发展了一百万年，但是为了满足人类的需要，仍然有许多改进工作可以去做。

2.3　人人平等的无障碍出行

2018 年 8 月 6 日李先生发微博控诉了山西侯马高铁站的工作人员，讲述了他们一家在侯马西站艰难的乘车经历。李先生是一位轮椅使用者，在好不容易进入了高铁候车室后，环顾四周，想要寻找进入站台乘车的无障碍通道及相关标识却一无所获。询问验票员才得知，候车室根本没有无障碍通道，残疾人乘车必须从出站口进入！可这一点在他进站前并没有任何工作人员告知或标识提示，为此李先生一家不得不从进站口出去，寻找出站口重新进入车站乘车。

根据国家统计局对我国人口年龄结构统计显示，截至 2016 年末，我国 0~14 岁人口约为 2.3 亿人，占总人口比重的 16.64%；65 岁及以上人口约 1.5 亿人，占总人口比重的 10.85%。第二次全国残疾人抽样调查数据公报显示，全国各类残疾人总数为 8 296 万人，约占全国总人口的 6.34%。残疾人、65 岁以上老人和 0~14 岁儿童的总数已占我国人口总数的 30%~40%，是我国人口的重要组成部分。根据欧盟委员会交通运输局统计，欧洲残疾人口约为 6 300 万人，占欧洲总人口的 13%，且老年人的人口比例持续上升，到 2020 年老年人在欧洲总人口中的比例将达到 31%，预计 2050 年达到 34%。可见，无障碍出行已经影响到全世界 30%~40% 的人口。

2.3.1　无障碍设计≠弱势群体的设计

提起无障碍设计，一般人往往会认为这是为社会生活中需要给予特殊援助和关爱的群体而进行的设计，因此对于正常人来说无障碍设计可有可无。这种思想或许成了我国社会的主流，但它却是一种错误的看法。无障碍设计的确十分关注并重视残疾人、老年人等特殊人群的需求，但它并非是专门服务于这些特殊群体而设计的。相反，它着力于开发人类"共用"的设计，即产品和环境的设计能够在最大程度上供所有人使用，且不需要进行特殊调整或专门设计。

不知大家是否留意到，原本台阶旁的坡道叫做"残疾人坡道"或者"轮椅坡道"，如今变为了"无障碍坡道"。这是因为这种无障碍设施，例如无障碍坡道、电梯等，不仅轮椅和拐杖使用者可以使用，身体不适、受伤的人、推婴儿车的父母、提大件物品的人等也都是可以使用的。如图 2-18 无障碍设计的狭义和广义设计对象所示，无障碍设计的目标人群不仅包括行动障碍、视/听/触感官障碍、语言/认知障碍的残疾人、老人、小孩和孕妇，还包括持重物者、带小孩出行者、由于受伤或生病等原因的暂时残疾者以及普通健全人。因此无障碍设计的首要原则即为"平等地使用"，意思是对具有不同能力的人而言是可以公平使用的，即所谓"设计为人人"的思想。

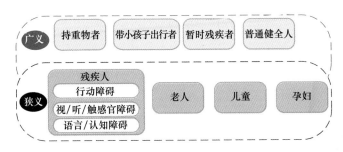

▲　图 2-18　无障碍设计的狭义和广义设计对象

很难想到这种具有包容情怀的无障碍设计理念并不是源于身体健全的设计师对弱势群体的关怀，而是自身残疾的美国建筑设计师罗纳德·梅斯（Ronald L. Mace，1942—1998）提出的，这是一种在设计伦理层面上升高度的设计理念。梅斯在他九岁那年患上了小儿麻痹症，经过一年治疗后出院的他余生都是在轮椅上度过的。1962 年梅斯在北卡罗来纳州立大学设计学院学习建筑，在校园里他遇到了诸多出行和生活障碍，轮椅使他难以靠近或进入许多场所，并限制了他使用校园设施的范围。梅斯获得建筑学学位毕业后，经过 4 年的传统建筑实践，他开始积极倡导残疾人的权利，参与了第一个无障碍建筑规范的制订。1974 年，他在国际残障者生活环境专家会议中首次提出了"通用设计"一词，也称为"无障碍设计"，用来描述所有人都能使用产品和建筑环境的设计理念，即每个人无论年龄、能力或在生活中的地位如何，都能在最大限度上满足其审美要求和可用性。

2.3.2　如何营造畅通无阻的出行环境

为了保障人们日常出行的畅通无阻，各类交通运输车辆除了应具备安全、高效的特点外，出行的舒适性与便捷性也尤为重要，而无障碍设计正是确保各类人群能够平等地享有安全便捷出行环境的关键。这里我们以轨道车辆设计为例来探讨如何为乘客营造畅通无阻的出行环境。轨道车辆的无障碍设计主要强调与乘客出行有关的轨道车辆公共空间的环境、设施及设备都必须充分考虑具有不同程度生理伤残缺陷者和正常活动能力欠缺的弱势群体（如老年人、婴幼儿等）的使用需求，配备能够应答、满足这些需要的服务功能与装置，营造一个充满爱与关怀，切实保障乘客出行的安全、方便和舒适的旅行环境。

轨道车辆的无障碍设计应从目标人群的切实需求出发，了解各类乘客的空间与感官生理特征。根据出行乘车的整个过程，下面我们从车内外过渡、车内环境与设施以及信息交互三个方面着手分析。

1. 车内外过渡

车内外过渡区的无障碍设计主要包括登车渡板、轮椅升降装置和车门的设计。通常在列车乘客区地板与站台之间存在着高度差以及水平间隙（图2-19），这是造成乘客上下车不便利的最主要原因，为此可采用配备登车渡板和轮椅升降装置两种改善方式。

轮椅升降装置是指在列车的部分车门区域设置的可升高和降低的平台，以供乘客在地面和乘客区地板之间进出的装置或系统。这种装置仅能在车辆静止时操作，同时防止轮椅滚落的装置会自动工作。例如西门子公司生产制造的ICx列车，为方便有坐轮椅的残疾乘客上下车，每列车的车厢两侧入口均有一个升降梯，如图2-20所示，其载重为350 kg，升降梯的所有操作都由列车工作人员完成。

▲ 图2-19 列车登车间隙与高度差

▲ 图2-20 ICx列车升降梯

相比升降装置，更为常见的则是采用登车渡板引导乘客上下车，如图2-21所示。这些登车渡板覆盖在列车出入口的地板和站台边缘的缝隙处，不仅能够确保行动不便的乘客无障碍通行，还能防止儿童或老人上下车时发生

▲ 图2-21 列车登车渡板

踏空事件。登车渡板一般在车辆静止时使用，车门关闭时登车渡板不工作，登车渡板未收回时乘客门或轮椅进出门不关闭，即列车不会移动，进一步保障了乘客的上下车安全。

除上下车辅助设备之外，无障碍车门的设计也是无障碍通行的一个重要方面。不同于一般的通行空间，轮椅、拐杖以及其他辅助移动工具的使用者、携带大件行李的乘客、推婴儿车或抱孩子的父母以及孕妇等，都对通行空间有更高的需求。例如轮椅使用者的通行空间设计除了考虑轮椅自身的尺寸外，还要考虑四周预留的轮椅操作空间，因此上下车的车门宽度设计也有相应的要求。图 2-22 所示为日本新干线的两种车门，供轮椅使用者上下车的车门宽度大于普通的车门宽度。车门尺寸的具体设计应参考无障碍设计对象的人体尺寸，除正常成年人的人体尺寸外，孕妇、过度肥胖者、老年人、轮椅和拐杖使用者等特殊人群的人体尺寸也是无

▲　图 2-22　日本新干线的两种车门

障碍设计的重要依据，如图 2-23 至图 2-25 所示。目前，国内外关于各类人群的人体尺寸测量研究已经日渐成熟，相关文献如 *Humanscale*，*The Measure of Man and Woman*：*Human Factors in Design* 以及《美国残疾人法案》（*Americans with Disabilities Act*，ADA）等，各国的规范标准可查询到相关尺寸。

2. 车内环境与设施

轨道车辆内的环境与设施设计能够凸显设计的人性化，使各类设施产品服务于更多的人群，同时实现利益的最大化，即提高乘客使用舒适度和满意度，提升设施产品品质，具有十分重要的意义。列车无障碍设施主要体现在车内通道、优先座椅、轮椅功能区、卫生间、就餐及饮水

设施等方面。

　　车内通道的低地板技术不仅能实现车内空间布局最大化，还能较好地为儿童、行动不便以及携带行李的乘客带来便利，例如庞巴迪公司近

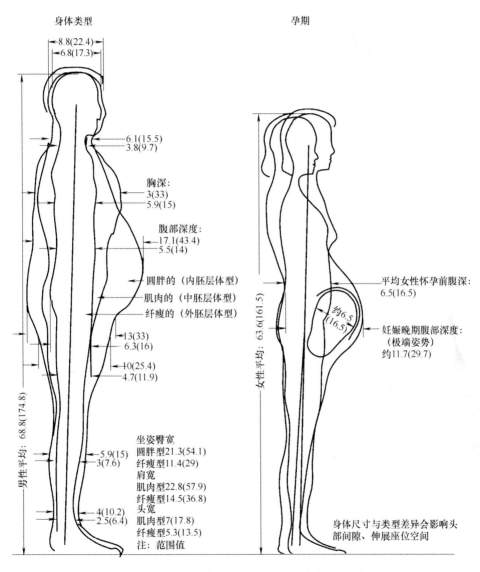

身体类型　　　　　　　　　　　孕期

8.8(22.4)
6.8(17.3)

6.1(15.5)
3.8(9.7)

胸深：
3(33)
5.9(15)

腹部深度：
17.1(43.4)
5.5(14)

圆胖的（内胚层体型）
肌肉的（中胚层体型）
纤瘦的（外胚层体型）

13(33)
6.3(16)

10(25.4)
4.7(11.9)

平均女性怀孕前腹深：
6.5(16.5)

约6.5
(16.5)

妊娠晚期腹部深度：
（极端姿势）
约11.7(29.7)

男性平均：68.8(174.8)

女性平均：63.6(161.5)

坐姿臀宽
圆胖型21.3(54.1)
纤瘦型11.4(29)
肩宽
肌肉型22.8(57.9)
纤瘦型14.5(36.8)

5.9(15)
3(7.6)

头宽
肌肉型7(17.8)
纤瘦型5.3(13.5)
注：范围值

4(10.2)
2.5(6.4)

身体尺寸与类型差异会影响头
部间隙、伸展座位空间

▲　图 2-23　过度肥胖者及孕妇人体尺寸（单位：in（cm））

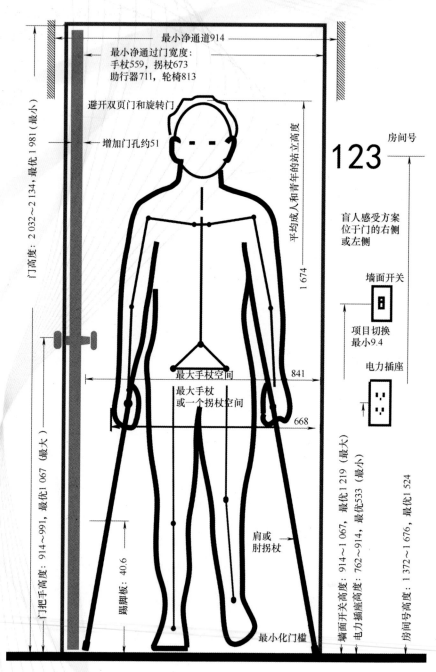

最小净通道914

最小净通过门宽度：
手杖559，拐杖673
助行器711，轮椅813

避开双页门和旋转门

增加门孔约51

门高度：2 032～2 134，最优1 981（最小）

平均成人和青年的站立高度

1 674

123

房间号

盲人感受方案
位于门的右侧
或左侧

墙面开关

项目切换
最小9.4

电力插座

最大手杖空间

841

最大手杖
或一个拐杖空间

668

门把手高度：914～991，最优1 067（最大）

踢脚板：40.6

肩或
肘拐杖

墙面开关高度：914～1 067，最优1 219（最大）

电力插座高度：762～914，最优533（最小）

房间号高度：1 372～1 676，最优1 524

最小化门槛

▲ 图 2-24 拐杖使用者人体尺寸（单位：mm）

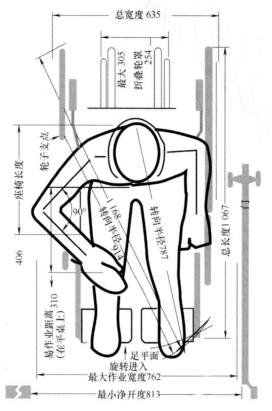

▲ 图 2-25　轮椅使用者尺寸（单位：mm）

几年推出的 Twindexx Express 双层列车具有宽敞的入口，在地面处配备低地板入口斜坡，将乘客引导至低层车厢内。列车内部行走时无台阶，能显著改进客流的通行效率并且将乘客使用台阶的频率降到最低。再比如瑞士 FLIRT 动车客室更是采用了完全无阶梯布置、90% 以上的低地板，具有更好的客室通达性；西门子 Desiro ML 系动车组将包括端部车厢的低地板区域设计成多用途区域，并设置有两个放置轮椅的位置。图 2-26 和图 2-27 分别是庞巴迪公司 AGC 动车低地板客室和 New Regio 2N 车型的轮椅区。

▲ 图 2-26　庞巴迪公司 AGC
　　动车低地板客室

▲ 图 2-27　庞巴迪公司 New Regio 2N
　　车型的轮椅区

　　为保障乘客乘坐期间行为活动的便利，欧洲许多列车车型均设有全套的无障碍设施，包括专用座椅和快餐柜台、无障碍盥洗室等。例如西门子 ICx 和 ICE-T 列车上均配有轮椅使用者的备用座位、专用盥洗室和快餐柜台，卫生间门采用的是动力控制的滑动门；ICE-T 二等车尾部设置有婴幼儿专区，并配置 1 个儿童餐桌和 1 个婴儿用围栏；在法国高速列车（法语：Train à Grande Vitesse，TGV）某些车型上还设置有专门的婴幼儿座椅。图 2-28 和图 2-29 分别为西门子 ICE-T 列车的无障碍卫生间和法国 TGV 列车上的婴幼儿座椅。

▲ 图 2-28　西门子 ICE-T 列车
　　无障碍卫生间

▲ 图 2-29　法国 TGV 列车上的
　　婴幼儿座椅

　　目前，我国动车组虽然也配备了无障碍设施，但是不同车型动车组的轮椅席位数量、位置，无障碍卫生间的位置布局、尺寸以及轮椅席位存在着较大的差异，无障碍设计研究仍有待于进一步深入。车辆环境和设施的无障碍设计难点在于，行动障碍者由于自身机能和辅助移动器械限制原因，在触及物体或进行某项操作时，活动空间（也称功能尺寸）会大幅度减小，然而同正常人相比，行动障碍者又需要更多的通行与容纳空间。对于轨道车辆环境和设施的无障碍设计来说，原本分别需要依据目标人群的人体尺寸和功能尺寸展开设计，但由于设计目标不一致使得设计时会产生一定冲突。ADA 对轮椅使用者的操作范围以及置腿 / 置脚空间需求提出了规范，有文献还另外提供了各类人群的人体尺寸与功能尺寸，可供设计者参考。

3. 信息交互

信息交互设计主要满足乘客信息获取的需求和紧急疏散的需求，信息无障碍则保障所有人在任何情况下都能平等、方便、无障碍地获取信息并利用信息，即信息交互设备能够被老年人、视障者、听障者等特殊人群顺畅使用的同时也可以更高效、更便捷地被所有用户使用。良好的轨道车辆信息能为所有乘客提供舒适、便利的出行环境，避免因无法及时和正确地获取信息而发生危险和产生心理焦虑。

动车组列车车厢内通常设置有多种标志和信息源，如车内外旅客信息显示系统、报站语音系统，以适应各类出行不便的人群需求。例如，以触觉和发声体帮助视觉障碍者判断行进方向及线路信息；以简单明了、形象化的标识（符号、文字与背景保持最大对比度）引导老年人了解乘车信息。西门子 ICx 列车座椅上的号码就采用了光感和触觉两种感知方式方便视力弱或失明的乘客辨认；备用座位的显示板整合到过道侧的座位靠背上；对于听力弱的乘客，所有的信息都通过扬声器尽可能清晰地传达出去，同时自动翻译成不同的语言。ICx 列车入口均配备了能帮助视力弱的乘客确定方位的声音信号装置。同样，瑞士 FLIRT 列车也设置了听力障碍人员无线电辅助设备。图 2-30 和

图 2-31 所示分别为 Twindexx Express 列车内标识和 ICE-T 列车座位无障碍标识。

▲ 图 2-30　Twindexx Express 列车内标识　　　▲ 图 2-31　ICE-T 列车座位无障碍标识

　　信息交流不仅是发布者通过信息系统向乘客发布及指示信息的单方面过程，而是信息发布者和接收者之间的一个交互过程。在昆士兰 NGR 列车的车厢内不仅设有轮椅座位区，而且在座椅旁设有一个通信辅助按钮，在遇紧急情况或有需要时乘客可以联系列车员寻求帮助，且通信辅助装置安装高度考虑了位于轮椅或座位上的人员使用方便，如图 2-32 和图 2-33 所示。

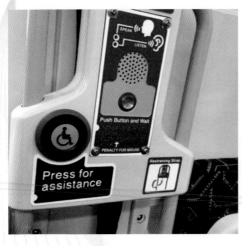

▲ 图 2-32　NGR 列车无障碍通信设备　　　▲ 图 2-33　NGR 列车无障碍座椅及通信设备

轨道车辆信息无障碍设计主要涉及人的视觉、听觉和触觉机能。人的感官机能与年龄有着密切关系，受周围环境的影响，对乘客的行走安全、设施使用及信息获取等有较大影响。

轨道车辆的照明环境，将直接影响视觉信息的易读性，无论哪个年龄段的人群，随着亮度水平降低其视觉敏感度均会下降，且老年人较青年人的视觉敏感度整体较低，如图 2-34 所示。失明意味着完全或几乎丧失了感知物体形态的能力，弱视力意味着仅能利用视觉机能的部分能力，更多地需要依赖其他方式来感知信息。为了帮助视力受损人群，可以改善照明或在相关设施及其附近位置使用可见度高的标识和触觉标识。因此，轨道车辆的采光及人工照明设计、标识设计均为无障碍设计中不可缺少的一部分。

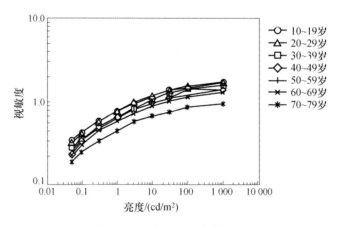

▲ 图 2-34 7 个年龄段人群在不同亮度条件下的视觉敏感度变化

听觉机能与听觉敏锐度、声音位置、音高、响度、质量和对声音的理解有关。听力障碍包含完全听觉障碍与部分听觉障碍，听觉丧失分为不同级别，从轻微听力下降到严重的耳聋。随着年龄增长，对高频声音的感知度会显著降低，同时，性别也有一定的影响，如图 2-35和图 2-36 所示。轨道车辆的语音声响系统应进行专门的声学设计，可以通过提高语音录制时的声品质，布设更多的扬声器来减少音量，而不降低声音的穿透力，设置带有电话开关的助听器来帮助视觉和听力障碍的乘客。

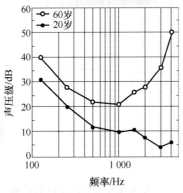

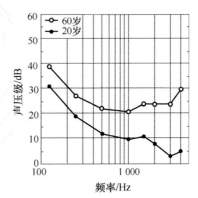

▲ 图 2-35　青年和老年男性的听觉声压变化　▲ 图 2-36　青年和老年女性的听觉声压变化

触觉机能与触觉敏锐度及物体纹理、质量相关。触觉的感知程度与年龄相关数据显示，随着年龄增长人的触觉会逐渐失去敏感度，老年人的触觉感知最低阈值要比年轻人高得多，图 2-37 展示了不同年龄段的人群身体各部位的触觉感知程度。而触觉对于视觉障碍者来说是一种有效的信息感知通道，因此客室设施的外观、使用材料的表面粗糙度和温度会直接影响触觉信息的传递效率和安全性。视觉障碍和感知能力较差

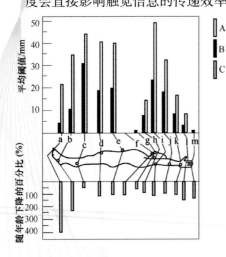

符号及其含义

符号	含义	符号	含义
A	大于 65 岁	f	舌头
B	18~28 岁	g	嘴唇
C	年龄下降百分比	h	脸颊
a	脚趾	i	上臂
b	脚底	j	前臂
c	小腿	k	手掌
d	大腿	l	手指
e	腹部	m	指尖

▲ 图 2-37　不同年龄段的人群身体各部位的触觉感知程度

的人可以通过有区别性的形状、材料、温度、表面粗糙度等信息来更容易地识别物体。例如使用不同的纹理可以帮助视觉障碍乘客分辨设施的不同部分，从而找到可抓握的地方。为了保障安全性，所有乘客能接触到的物体表面均应采用抗过敏、无毒且具有防火性能的材料，且表面温度不能过低或过高以防发生冻伤和烫伤事件。

2.3.3 有章可循的轨道车辆无障碍设计

在应对实际的轨道车辆工程项目中的无障碍设计时，空间通行无障碍设计、设施使用无障碍设计及信息获取无障碍设计在依次开展的同时也要同步兼顾设计需求之间的冲突性，轨道车辆无障碍设计流程可参考图 2-38。首先确定无障碍设计的目标人群，根据人体尺寸及功能尺寸（如可操作空间等）建立乘客模型，并分析乘客在不同情境下的需求。例如走廊扶手的设计：两侧扶手间距既需要预留出允许轮椅使用者顺利通过

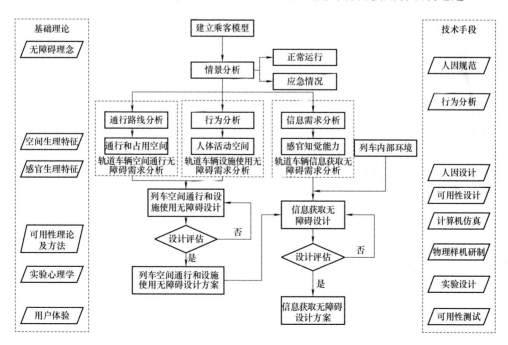

▲ 图 2-38 轨道车辆无障碍设计流程图

的充足宽度，也需要满足轮椅使用者的方便使用，保障扶手在其可操作范围内，因此二者在设计时需要同时考虑，以突显设计的人性化。之后，再根据感官机能和认知机能受损者的生理特征进行轨道车辆信息获取无障碍设计，同时在考虑轨道车辆内部环境约束以及保障信息获取、传递可达性前提下提出设计方案。每个设计方案都要进行无障碍设计评估，若评估结果不满足要求则返回上一步重新设计，直至满足要求为止，这是一个不断迭代优化的过程。

目前，随着无障碍设计理念的逐渐深入，国内外相关行业及组织制订了大量的标准、规范及相关法律法规等，这成了无障碍设计师得力的设计参考依据，表 2-5 至表 2-7 分别总结整理了轨道车辆空间通行、设施使用及信息获取无障碍设计应考虑的内容及其在设计中应依据的标准与指南。对于同一个设计内容，不同国家和地区所指定标准的严格程度有所差别，在实际工程应用中，可根据工程需求灵活选择并应用，但也要注意所依据规范的统一性。

表 2-5　空间通行无障碍设计内容及参考依据

无障碍空间设计		设计标准及参考指南
门廊	登车门	Humanscale；49CFR38；ADA；UIC565；TSI；GB 50763；JGJ 50
	登车门廊	
	站台间隙	
通道	座椅间通道	Humanscale；49CFR38；ADA；UIC565；TSI；ISO 22411；JGJ 50；JGJ 122；COST335
	车厢连接通道	
	转向通道	
坡道	坡道空间	Humanscale；49CFR38；ADA；UIC565；TSI；GB 50763；JGJ 50；JGJ 122
楼梯	楼梯空间	Humanscale；49CFR38；ADA；ISO 22411；JGJ 50；TSI；GB 50763；JGJ 122
轮椅区	轮椅席位	Humanscale；49CFR38；ADA；UIC565；TSI；ISO 22411；GB 50763；JGJ 50；JGJ 122
	轮椅存放区	
卫生间	卫生间门	Humanscale；49CFR38；ADA；UIC565；TSI；ISO 19026；GB 50763；JGJ 50
	旋转空间	
	置腿空间	

（续）

无障碍空间设计		设计标准及参考指南
餐车	餐桌置腿空间	ADA；GB 50763；COST335
	餐车通道	
卧铺	床铺空间	TSI；COST335
	卧铺车厢通道	

表 2-6 设施使用无障碍设计内容及参考依据

无障碍设施设计		设计标准及参考指南
门廊	轮椅升降装置	Humanscale；49CFR38；ADA；UIC565；TSI；GB 50763；JGJ 50
	登车导板	
	车门处按钮	
	车门处扶手	
客室	座椅	Humanscale；49CFR38；ADA；UIC565；TSI；ISO 22411；JGJ 50；JGJ 122；COST335
	行李架	
	消防设备	
	逃生设备	
	饮水机	
	洗手池	
坡道	坡道扶手	Humanscale；49CFR38；ADA；UIC565；TSI；GB 50763；JGJ 50；JGJ 122
楼梯	楼梯扶手	Humanscale；49CFR38；ΛDA；ISO 22411；TSI；GB 50763；JGJ 50；JGJ 122
轮椅区	轮椅固定装置	Humanscale；49CFR38；ADA；TSI；UIC565；GB 50763；ISO 22411；JGJ 50；JGJ 122
	轮椅区扶手	
卫生间	门按钮或把手	Humanscale；49CFR38；ADA；TSI；UIC565；GB 50763；ISO 22411；JGJ 50；ISO 19026
	坐便器	
	冲水按钮	
	纸巾盒	
	卫生间扶手	
	镜子	
	洗手池	
	烘手器	
	垃圾箱	
	婴儿护理板	
	衣帽钩 / 置物架	
	报警按钮	

无障碍设施设计		设计标准及参考指南
餐车	餐桌	ADA；GB 50763；COST335
	餐椅	
	点餐柜台	
	自动贩卖机	
卧铺	床铺	TSI；COST335
	爬梯	
	桌板	
	折叠座椅	
	报警按钮	

表 2-7　信息获取无障碍设计内容及参考依据

无障碍信息设计		设计标准及参考指南
标识设计	字符设计	Humanscale；ADA；49CFR38；TSI；ISO 22411；GB 50763
	颜色设计	
	照明设计	
显示屏设计	字符设计	
	亮度设计	
	颜色设计	
	滚动速度设计	
广播系统设计	声压设计	ADA；ISO 24500；ISO 24504；TSI
	语速设计	
听力辅助设备设计	声压设计	
听觉提示信号设计	信号类型设计	
	响起时间设计	
	持续时长设计	
盲文设计	盲文尺寸及间距设计	ADA；ISO 24503；ISO 22411
凸起点及条纹设计	凸起点及条纹尺寸设计	
凸起字符	凸起高度设计	

3

改善工作效率和福祉的奇妙工具

3.1　高效、灵动的工作作业空间

　　谷歌公司的办公空间设计在科技界闻名于世。谷歌公司在 2017 年瑞士苏黎世新建的办公大楼中，员工可以在热带雨林环境中写代码，还能享受免费按摩和美食，选择在"冰箱"会议室开会（图 3-1），工作累了还能在"浴缸"里休息。在这样超级灵活的空间中，一切都显得有点杂乱无章但却充满生机，人与人之间可以非常坦诚地交流，员工们的个性被尊重，这也让谷歌公司在 2018 年第七次荣登《福布斯》全球最受欢迎雇主排行榜榜首。

　　同样，苹果公司位于美国加州库比蒂诺市的新总部 Apple Park 正如乔布斯生前所希望的那样被建成了世界上最棒的办公楼，苹果公司对产品追求极致的精神体现在了其办公空间设计的每一个环节。苹果公司首席执行官蒂姆·库克曾向外界披露了关于苹果新总部大楼工作环境的一个细节，那就是每个员工都配有一个站立式办公桌。"如果你能站一会，坐一会，然后再站一会，再坐一会，如此循环往复，将会对你的健康大有裨益。"库克在接受采访时表示。除此之外，首席设计官乔纳森·艾维还专门为员工挑选了瑞士著名家具厂商 Vitra 制造的 Pacific Chair 办公椅（图 3-2）。这款椅子以良好的人体工学而著称，可以提供优质的久坐体验，为身体带来恰到好处的支撑。与一般办公椅不同的地方是，其高低与前后的调节装置采用了隐藏式设计，整体线条简洁利落，能不违和地融入任何办公空间。其价格为 1 185 美元，比 iPhone X 256 GB 在美国的售价还要贵。

▲　图 3-1　谷歌公司的会议室空间

▲　图 3-2　Apple Park 的 Pacific Chair 办公椅

工作作业空间作为企业的一张名片，同时承载着保障安全、连接人才、沟通提效的目的，其设计与规划已经成为许多企业非常关注的一项"核心资产"。一个高效、灵动的工作作业空间设计，除了能有效地降低职业伤害，提高员工的工作满意度和对公司的忠诚度外，还能使人们共享社交的乐趣，培养协作、互动的精神。

在人因工程学中，工作作业空间是指包括作业者在操作时所需的空间及作业所需的机器、设备、工具和操作对象所占的空间范围。工作作业空间的设计是指按照作业者的操作范围、视觉范围以及作业姿势等一系列生理、心理因素对作业对象、机器、设备、工具进行合理的布置、安排，并找出最适合本作业的人体最佳作业姿势、作业范围，以便为作业者创造最佳的作业条件。

一个设计优良的工作作业空间不仅可以增加生产的安全性、有序性，提高生产效率，降低作业的危险性，还能提高作业者的满意度和工作动力，经济地利用空间资源。工作作业空间的设计主要包括作业空间范围、作业安全距离和作业显控器件布局三个方面。

3.1.1　作业空间范围

图 3-3 是国内某轨道交通控制设备公司专门用于硬件工控机板卡调

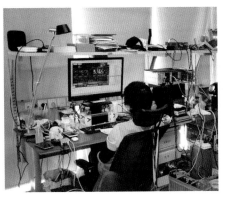

▲　图 3-3　某硬件工控机板卡调试和测试平台作业空间

试和测试的平台作业空间。可以看到整个作业空间范围十分局促，缺乏置腿区域，作业所需的零部件和工具没有固定的放置空间，随意分散摆放，导致许多作业需要弯腰或移开座椅才能完成，工程师工作一天下来总是抱怨腰酸背疼。

这是一个典型的作业空间设计问题。作业空间范围是指人们坐姿或立姿从事某种类型作业时合理的三维活动空间范围。这个空间的合理范围是由作业时的视觉要求以及上肢/下肢伸及距离所决定，其中视觉要求主要受作业精度要求与视距的影响，而上肢/下肢伸及距离会受到作业时不同体位上肢/下肢伸及方向、手/脚部的活动性质和约束、所穿着的服装、靠背角度以及个体因素（如年龄、性别、种族）等诸多因素的影响。

1. 视距与作业空间

在作业中大约有 70% 以上的信息是通过视觉传递的，其中视距与作业精度有着密切的关系。这里的视距是指人在作业中正常的观察距离，越是精密度要求高的作业其视距就越短，越是粗重的作业其视距就越长，作业类型与视距的关系见表 3-1。

表 3-1　作业类型与视距的关系

作业类型	示例	视距 /cm	作业特点
精细装配	钟表组装	12~25	对视力强度、手臂活动的精度和灵巧性要求很高的作业
机械装配	微型机械和仪表的组装	25~35	对视力强度要求较高的作业
普通作业	钳工、办公作业	<50	一般性作业
粗加工	包装、较大零部件安装	50~150	作业精度要求不高，需要较大体力才能完成的手工作业

除了视距会影响作业空间距离，人的视野也会影响作业空间范围。视野是指眼睛观看正前方物体时所能看得见的空间范围，图 3-4～图 3-7 分别为人的视线与视野极限、头部及眼睛转动时的视野范围、眼睛对不同颜色识别的视野范围以及不同视觉任务的视野范围。

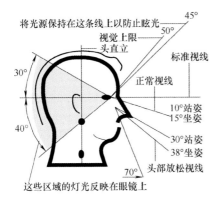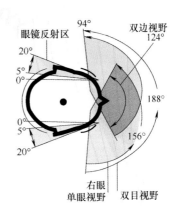

▲ 图 3-4 人的视线与视野极限

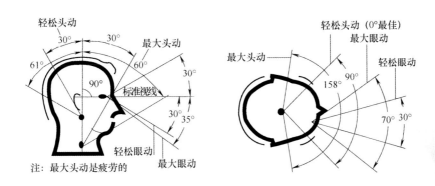

▲ 图 3-5 头部及眼睛转动时的视野范围

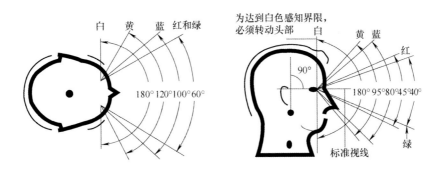

▲ 图 3-6 眼睛对不同颜色识别的视野范围

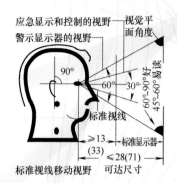

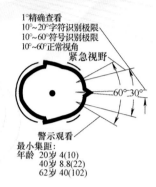

▲ 图 3-7 不同视觉任务的视野范围（单位：in（cm））

可以看到,视距和视野对作业空间中显示器的布置有着直接的影响,显示器与人眼的位置会影响到作业者的姿势、操作绩效和舒适感。在确定作业空间范围时,视觉信息的可见度以及关键警示信号可识别性是不能忽视的。

2.作业姿势、上肢/下肢伸及方向、作业约束、容膝与作业空间

影响作业空间范围的另一重要因素就是不同体位上肢/下肢伸及方向与活动范围。我们在工作中常见的作业体位主要有三种：坐姿、立姿和坐立交替,不同的作业姿势肢体的空间活动范围是不一样的。大部分作业环境中,坐姿和立姿是最常见的作业姿势。立姿主要用于作业者需要在较大工作域内频繁走动、搬运重物或大型物件,或者需要用手施力较大的情况；坐姿则主要适用于操纵范围和操纵力不大,需要精细或稳定连续进行的作业。由于坐姿作业不易疲劳、持续工作时间长、身体稳定性好、操作精度高、手脚可以并用,因此对于长时间的工作应尽可能地采用坐姿作业。

现代医学科学发现久坐会导致颈椎疾病、腰椎间盘突出,同时还会对血液循环系统造成不良影响,如心血管疾病和下肢静脉血栓等问题,所以,不少学者提议在有条件的情况下将坐姿作业改为坐立交替作业,这将有助于降低因久坐导致的患生理疾病的风险。2018 年美国学

者 Farzane Saeidifard 对坐姿和立姿的能量消耗差异进行了研究。他发现在美国，成年人每天坐着的平均时间超过 7 h，而在欧洲国家，这一数字为 3.2~6.8 h。研究人员共分析了涉及 1 184 名被试的 46 项测试数据，这些被试平均年龄 33 岁，其中 60% 是男性，平均体重是 65 kg。研究发现站着比坐着每分钟多消耗 0.15 kcal（1 kcal=4.186 8 kJ）。如果把每天坐着的 6 h 换成站着，那么体重 65 kg 的成年人就会在这 6 h 中多消耗 54 kcal，如果不增加食物摄入量的话，那么在一年内能够减掉 2.5 kg，4 年就能减掉 10 kg。对于很多成年人来说，长时间站着不具备可操作性，尤其是对于那些需要伏案工作的人，但对于每天坐着超过 12 h 的人，将坐着的时间减少一半会带来很大的益处。

　　人们一直被鼓励在日常生活中进行适当或中等强度的体育运动来维持和减轻体重，以降低患心脏病的风险。但是常常会面临很多障碍，比如时间、主动性、可用的健身设备等。因此，有学者提出了非运动性活动生热效应（Non-Exercise Activity Thermogenesis，NEAT）的概念，NEAT 关注的是人们在非运动状态的日常活动中所消耗的能量，而站立正是 NEAT 的一部分。Farzane Saeidifard 的研究结果表明在日常生活中加入一些强度较低的活动可以改善我们的长期健康状况。由此可见，苹果公司首席执行官蒂姆·库克坚持要求为员工提供一张可站立办公桌是非常人性化的，完全符合人因工程学的原则。其实坐立交替作业最早在人因工程学中是为了满足作业者在作业时，有一部分工作需要立姿操作，而另一部分工作需要坐姿操作，这两种作业姿势需要频繁变换的情况。

　　这里我们以常见的坐姿作业为例，来看一看坐姿作业的空间范围，图 3-8 和图 3-9 分别是坐姿作业时的视觉范围和水平作业域。

　　坐姿作业空间范围的限制取决于功能手臂伸及的范围和作业约束，而这个范围还会受到手臂伸及方向和所执行的手部活动性质的影响。我们知道人的手臂在不同的空间高度，其可触及的水平作业域是不一样的，手臂与躯干成 90° 时，其水平面可触及区域最大，当手臂向上或

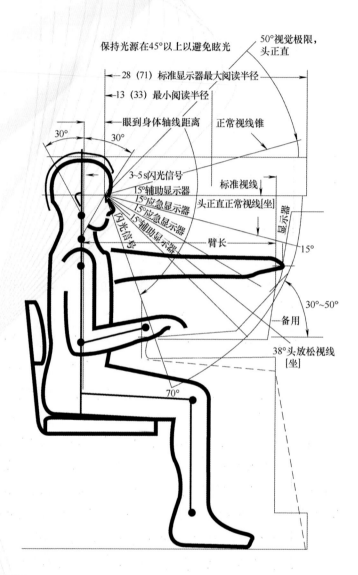

▲ 图 3-8　坐姿作业时的视觉范围（单位：in（cm））

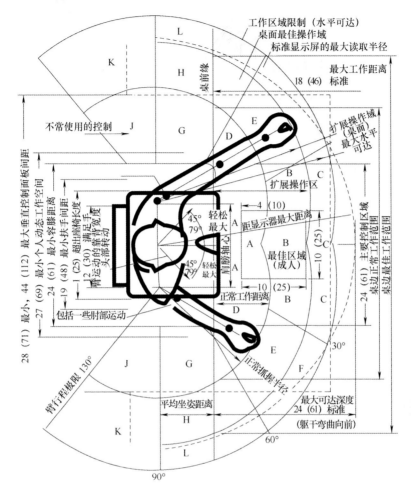

▲ 图3-9 坐姿作业时的水平作业域（单位：in（cm））

向下摆动时，其水平面可触及区域会逐渐减少，如图3-10所示。当身体受到约束时，作业空间范围也会发生变化，例如Garg等比较了3种类型的汽车安全带，安全腰带容许的功能手臂伸及的距离最远，交叉型带使手臂平均伸及距离减少14%，而平行型安全带会使这个距离减少24%，这是由于每种类型的安全带对上身躯干前倾程度的限制不同造成的。人的手部作业性质同样也会对作业空间范围的限界产生影响，例如，需要操控的对象是按钮或触发开关，则应以食指指尖为作业空间边界的测点；若要求操控的对象是旋钮或操作杆，就需要以拇指尖作为测点，拇指指尖要比食指指尖短 5~6 cm；如果操控对象需要抓握操作，则会进一步限制手臂的伸及范围。

▲ 图 3-10　坐姿时功能手臂伸及的范围

　　进行坐姿作业空间设计时，容膝空间对作业姿势有着十分重要的影响，不合理的容膝空间会导致不良的作业姿势，长时间作业会对作业者的生理和脊柱造成损伤。因此，必须根据脚部在工作台下的可达到区域来设置容膝空间，以保证作业者在作业过程中腿脚活动方便。根据 ISO 9241-5 推荐的容膝空间尺寸，如图 3-11 所示，容膝空间的最小高度不低于 650 mm，腿前伸深度不少于 600 mm，容脚最小高度不低于 150 mm，容膝空间的宽度不少于 600 mm。

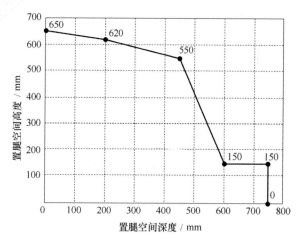

▲ 图 3-11　ISO 9241-5 推荐的容膝空间尺寸

3.满足维修及可调节性要求

　　一项完善的作业空间设计不仅要考虑作业空间的基本功能和日常使用，还需要考虑到设备的维修需要及维修人员的特殊要求。维修人员需要经常进入那些日常作业无须进入的区域，因此，在作业空间设计时必须对维修作业的特殊要求进行专门的分析和设计。由于日常使用与维修的要求存在很大差别，所以对空间修正就成了作业空间范围设计中不可或缺的一步。

维修空间一般是指受限作业空间，即作业必须在限定的空间中进行，为保证维修作业的顺利进行，需根据作业特点和人体尺寸对这类工作空间规定最低限度的尺寸要求。常见的几种典型的人体作业包括：站立、屈体、跪姿、蹲姿、爬姿、仰卧等最小空间尺寸，此外，还包括双臂、单臂、单手、手指作业出入口的最小尺寸，如图 3-12 所示。受限作业空间尺寸大多属包容尺寸（包容人体或其局部），给出的尺寸一般是应保证的最小尺寸，在实际工程设计中，还应留有适当的裕度，并考虑穿戴防护用具和使用工具的空间。这类尺寸一般按男子第 95 百分位数尺寸（安全空间按第 99 百分位数）设计，设计中还应考虑着装的附加量。

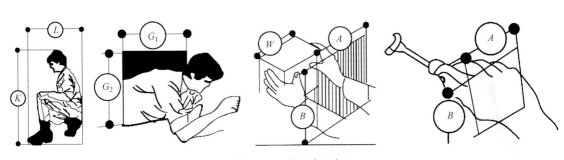

▲ 图 3-12 受限作业空间

由于人体尺寸变化各异，同一个人也会随着各种因素而变化，如着装厚度等，所以在作业空间范围设计时应尽量使作业空间具有一定的可调节性。在作业空间范围设计中有很多种调整的方法，较为常见的有：

- 调节作业空间。允许作业者自主调节作业空间的形状、位置和方向，使其工作更加快捷舒适。例如，工人在进行表面切割作业时，最好能将切割物体和设备靠近身体，这样可以缩短伸及距离，避免长时间伸长手臂作业带来的生理疲劳，同时还可以通过调节作业者或设备的高度、朝向等来缩短伸及距离。

- 调节作业者与作业空间的相对位置。有时调节作业空间可能会增加成本或影响到其他重要设备及其维修，这时可以采取在作业空间不变的情况下，改变作业者和作业空间的相对位置，例如通过调节座椅高度来改变作业空间的垂直高度，或者通过座椅旋转来改变作业者与设备的相对朝向。

- 调节工件或工具。采用升降台或其他升降装置来调节作业部件的高度，例如利用装配架、夹具可以将工件固定在某个位置或某个朝向，便于作业者观察和操作，设置零件箱将零件分门别类，便于存取等。使用长度可调的手持工具来满足不同身材的作业者方便地拾取不同距离物体的需求。

对于一般作业空间范围的实际设计过程可参考图 3-13 所示流程。首先在了解设计目标后明确设计约束，如房间可用面积等，通过细致地分析人员的作业过程及所使用设备，确定设计的一般需求和特殊需求。之后，在查询人体尺寸、上肢 / 下肢可伸及范围、坐姿和站姿下标准的眼点位置等准则与规范的基础上，开始着手具体的细节设计，包括人员自身的作业空间、设备空间及维修空间。在完成初版设计方案后对方案展开校核评估，如果发现冲突及不满足要求的地方，及时调整、修改设计方案，通过不断地迭代设计来达到令人满意的结果。

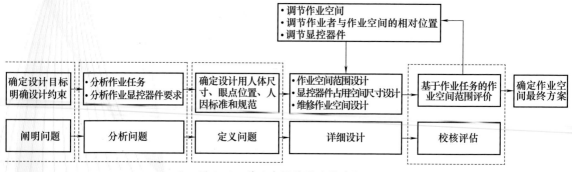

▲ 图 3-13　作业空间范围设计流程

如图 3-14 所示，这是作者所在课题组对图 3-3 所示工作平台空间设计改进后的情况。我们充分利用了上述作业空间的设计原则和调节方法，将所有作业移至工作台面上方，即利于上肢操作的地方，留出了充足的容膝空间，整个工作面设为面向作业者的倒 V 形，同时采用了旋转可升降的工作椅，使作业者可以便捷地调整作业空间高度和朝向，有效扩展了作业空间范围。另外还在左右两侧专门设计了具有转折功能的可放置工控机板卡的零件箱和能挂放不同类型工具的网孔板，板卡零件箱向作业者倾斜，便于拿取。在工作空间上方还设置了专门的局部照明和常用工具的吊滑轨，中间安置了板卡焊接常用零部件储物盒及测试用的信号发生器、示波器等常用测试设备，大大改善了作业者的工作条件和环境。

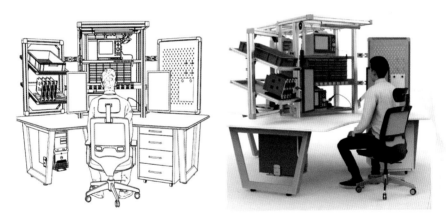

▲ 图 3-14 硬件测试平台改进后的作业空间

3.1.2 作业安全距离

2007 年的"3·15"晚会上，一位母亲詹红光带着女儿谢童的遗像来到了现场。福建省三明市有一条沙溪河穿过市区，为了防御洪水，两岸都修筑了防洪大堤。由于河岸景色秀美，这里成了市民们常去的休闲之地，人们把它称为江滨公园，谢童和她的表弟就是在沙溪河边玩耍时不慎落水身亡。沙溪河堤的护栏高度是 90 cm，有两道横栏，最下面的横栏距离地面 60 cm，一个孩子甚至成人都可以轻易地钻过去。

为避免更多的孩子落水，谢童的母亲詹红光决定找护栏的主管部门提出她的想法和建议，希望把护栏再加密一点，再加高一点，避免再有孩子落水。然而詹红光没有想到，这个关乎孩子们生命安全的请求被拒绝了。出于一个母亲的责任，詹红光进行了一番调查，她发现在女儿落水的前几天，一名 6 岁的男孩在台阶上不慎落水身亡。在女儿出事的第 40 天，一名 12 岁的男孩在湿滑的台阶上落水身亡，第 43 天，又有一名 29 岁的男青年在台阶上洗脚时滑入水中遇难。詹红光想知道，在这个堤坝上，究竟还发生过多少个这样的悲剧。调查到的数据令詹红光震惊！在 1998 年到 2006 年的 9 年间，已经有 25 人在这里落水丧生，其中绝大多数是孩子。

而我国有关护栏的国家标准明确规定当护栏或走廊高度高出地面 200 mm 时，为防止作业人员从高处工作位置或地板开口掉下去，在所有敞开侧都必须装设护栏。护栏的扶手高度应根据第 95 百分位的人体垂心高度和可能携带的最大负荷量对重心高度的影响确定，其数值应大于 1 050 mm。护栏可采用网状结构，当采用非网状结构形式时，护栏的立柱间距应小于 1 000 mm，横杆间距应小于 380 mm，从而可以防止作业人员穿越护栏中间空隙掉下去。

一个河堤的安全护栏没有起到有效的防护作用，夺走了 25 条鲜活的生命，让人痛惜不已，詹红光在当年"3·15"晚会上的声音至今仍在我们耳边环绕："让大家都来尊重生命，站在这里，我想问，能不能把护栏再加密一点，再加高一点？为了孩子！"这样的悲剧在我们的工作和生产活动中也是屡见不鲜，在作业现场由于没有设置安全护栏或安全护栏设计不当导致的伤害事故时有发生。

作业空间的安全距离是作业空间设计中不容忽视的一个环节，它是保障人体或其局部不致受到伤害的必要空间或距离。安全距离的作用一是防止人体触及机械危险部位；二是使人体免受非触及机械性有害因素影响。后者（如超声波危害，电离辐射和非电离辐射危害、冷冻危害以及尘毒危害等）安全距离的确定，主要取决于危害源的强度和人体的生理耐受阈限；前者机械防护安全距离的确定，主要取决于人体测量参数。

安全距离主要包括这样几种类型：① 防止可及危险部位的安全距离，如图 3-15 所示；② 防止受挤压的安全距离；③ 安全缝隙间距；④ 防止触电安全距离；⑤ 防止有害物质的安全距离。其中第①、②、③类属于接触型安全空间，第⑤类属于非接触型安全空间，而第④类中既有接触型又有非接触型。另外，第①、②类是人到危险部位所允许的最小距离，小于这个距离，就有可能对人产生伤害；第③类是不允许通过的最大间距，大于这个间距，就可能对人造成伤害。

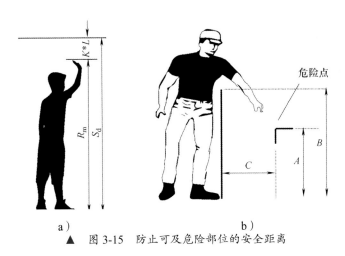

a）　　　　　　　　b）

▲ 图 3-15　防止可及危险部位的安全距离

A：危险区高度；B：防护结构高度；C：防护结构近人一侧的水平距离

对于第①类的安全距离 S_d 等于最大可及范围 R_m（单位：mm）与（$1+K$）的乘积，K 为附加量系数，见表 3-2；第②类的安全距离 S_d 等于人体尺寸 L（单位：mm）与（$1+K$）的乘积，这两类距离也可在 GB 23821—2009《机械安全　防止上下肢触及危险区的安全距离》中查询获得。

表 3-2　身体有关部位附加量系数

身体有关部位	K
身高等大尺寸	0.03
上、下肢等中等尺寸；大腿围度	0.05
手、指、足面高、脚宽等小尺寸；头、胸等重要部位	0.10

　　防止可及危险部位的安全距离主要包括：上伸可及安全距离（图3-15a），越过可及、下伸可及安全距离（图 3-15b），上肢四个部位（肩、肘、腕、掌）各关节活动的可及安全距离，此类安全距离等于第 99 百分位男子的有关肢体或部位的最大可及范围与附加安全量之和。

　　防止受挤压的安全距离实际上是指容纳人体及其部分的最小间距，主要涉及人体七个部位（躯体、头、腿、足、臂、拳、食指）受挤压的安全距离。

　　安全缝隙间距是指不致对人构成伤害的缝隙宽度。例如，缝隙宽度应使脚不会踩空，手不能深入到危险部位等。安全缝隙间距是缝隙所允许的最大宽度，如果缝隙的宽度再增加，就有可能造成对人的伤害。为保证绝大多数人的安全，安全缝隙间距按第 1 百分位女性尺寸设计。

　　防止触电的安全距离，据其电压高低可有两种类型：一种是低压电（对地电压 250 V 以下），主要是防止人触及裸露的带电体，这与防止可及危险部位的安全距离相同；另一种是高压电（对地电压 250 V 以上），高压电的防护不仅要求人不能接触带电体，而且还需保持一定的间距，其安全间距的要求随电压的升高而加大，这种安全距离是非接触型的。

　　生产和工作中的有害物质是指物理的、化学的、生物的等能危及人健康的物质，例如，强电磁辐射、各类射线辐射、各类化学活性物质、机械活性粒子（如粉尘）等；有害因素是指能影响人身体健康的因素，例如，高温、高湿、高噪声、强光、振动与冲击等。

　　这些有害物质与有害因素对人的影响主要取决于两个要素：

（1）暴露时间　有害物质或有害因素作用于身体的实际的或等效的持续时间。对此有一个暴露限度，即环境参数和暴露时间超过限值可导致身体损伤。

（2）危害源的距离　这些有害物质的浓度或有害因素的强度，随相距危害源距离的增大而减小，当参数达到安全值处的距离就是安全距离。

由于有害物质和有害因素对人健康的影响与多种因素有关，是一种综合效应，且在一定条件下是可逆的。防止有害物质或有害因素的安全距离是非接触型的，其安全距离的确定，需要以作业场所实际情况的测试和分析结果为基础。

▲　图 3-16　波音 737-700 驾驶舱

▲　图 3-17　空客 320 驾驶舱

3.1.3　作业显控器件布局

工作作业空间设计的主要任务之一就是在有限的物理空间内对作业所需的显控器件进行排列布置。许多复杂系统的操控和显示器件数量庞大，图 3-16 和图 3-17 所示分别是波音 737-700 和空客 320 的驾驶舱，其驾驶作业空间布局是以飞行任务需求为基础的，良好的驾驶显控器件布局方案能帮助飞行员轻松平稳地操作飞机，而不合理的布置会增加作业难度和带来意想不到的人为失误，影响飞行安全。

2018 年 5 月 14 日川航 3U8633 航班事故中，英雄机长刘传健驾驶的是空中客车 A319 机型，该机型与波音不同的是操纵杆为左侧侧向布置，当事故发生驾驶舱右座前挡风玻璃破裂脱落时，机长刘传健曾试图用右手取出氧气面罩，但由于左手必须操纵侧杆，而氧气面罩位于身体左后侧，且飞机抖动剧烈，机长使用右手未能成功取出氧气面罩。从风挡爆裂脱落至飞机落地，刘传健一直未能成功佩戴上氧气面罩，其暴露在座舱高度 10 000 英尺（ft, 1 ft = 0.304 8 m）以上高空缺氧环境的总时间为 19 分 54 秒。如果此时飞机操纵杆为传统的中央布置，左右手均可操作，那么机长缺氧的风险就有可能避免。

作业空间显控器件布局设计的理想情况是将每一个器件放置在最优的位置上，以发挥它的工效。这种最优位置可以基于人的能力和特性来进行预测，其中包括人的感知能力、人体尺寸以及生物力学特征，科学合理的显控器件布局能有效促进作业者在该空间中所执行任务的行为绩效。但是在实际的工程和设计中，将每一个器件都放置在最优位置是不可能的，因为往往会受到结构、空间等因素的制约。

作业空间设计中显控器件布局的一般性原则是提高总体运动效率，减少总体运动距离，无论是手还是脚的移动，最佳的布置总是力求使身体各部分运动量的总和最小。其主要的布置原则如下：

- 使用频率原则。使用频率最高的器件放置在最易触及的位置上。需要频繁观看的显示器应放在视野的中心区域，使用频繁的控制器应置于优势手一侧。

- 重要性原则。对完成作业任务至关紧要的器件应放置在最易触及的位置上。根据具体任务的特定需要，可以将显示和控制装置划分为不同的重要级别。例如，一级显示器放在视野中心区，大约是作业者前方正常视线的 10°~15° 范围内，二级显示器放在一级显示器外围，对于控制装置可按照其重要级别放置在图 3-9 的 A~F 区。重要性与器件对应完成系统目标的重要程度有关，通常由系统运作方面的专家来确定。

- 功能性原则。按照各个显控器件的功能，将它们成组布置。例如，将温度调控的显示器和控制器放在一组，而将负责通信的设备放在另一组。各组设备之间应该有明显清晰的界限，可用颜色、形状、大小、边界作为组间的区分标志。

- 使用顺序原则。根据显控器件的使用顺序进行摆放，器件的位置会影响操作的顺序。例如，一个电器组装工，他需要从不同的元件箱中取出电子零件，然后将其组装在电器上，那么这些元件箱按装配顺序来摆放就能使操作更为便捷。

在把作业空间中各种不同的显控器件组合在一起的时候，并没有某一单一原则能够适用于所有的情况，重要性原则和使用频率原则可能特别适合于工作空间中显控器件进行初步区域划分阶段，而使用顺序原则和功能性原则倾向于在初步划分区域中进行更具体的器件布局阶段。

图 3-18 所示是美国密歇根大学学者 Louis E. Freund 和 Thomas L. Sadosky 利用线性规划法对 C-131 飞机 8 个控制器进行优化布局的情况。

1947 年 Fitts 研究了飞机控制操纵中飞行员的失误问题，他将驾驶舱细分为 8 个不同的区域，通过对 C-131 飞机模拟货运飞行任务的分析，获得了控制器的操作频率及手动盲定位准确性的数据，准确性的得分是采用距离 8 个区域中目标平均误差的英寸数来表示。Deininger 在 1958 年收集了飞行员在执行模拟货物飞行任务时做出特定任务反应的频次数据，Louis E. Freund 和 Thomas L.

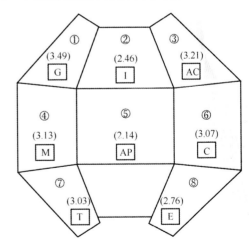

▲ 图 3-18　C-131 飞机 8 个控制器布局情况图

注：在 8 个目标区域的括号中给出了盲定位下操作平均准确性得分，方格内的字母是 8 个控制器的代号，它们目前所在的位置是线性规划的最优解

Sadosky 结合前面两位学者的研究报告构建了一个"效用成本"评级表，见表 3-3。"效用成本"即为控制器的反应频次与控制器所在区域的平均准确度得分的乘积。例如，控制器 C 在这 8 个区域中的效用成本值为 42.8~69.8，这个数值就是该控制器被使用的频次（20 次）与其所在不同 8 个区域内的平均准确率的乘积。

对于任意可能的控制器布局方案都可以得到一个总的效用成本，也就是各控制器在布局方案中指定位置上的效用成本总和，利用线性规划法可以帮助找出总效用成本最低的方案，结果最优的布局如图 3-18 所示，图中的每个控制器都被简单地表示为一个字母代码。可以看到就单个控制器而言，它所在的位置并不是最佳的，但就整体而言，所得到的布局总效用成本是最优的。

表 3-3　C-131 各控制器在 8 个区域内的效用成本评级表

平均准确率	区域	控制器							
		AP	I	E	T	C	AC	M	G
		115**	40	30	27	20	15	13	12
2.14	5	264.10*	85.60	64.20	57.78	42.80	32.10	27.82	25.68
2.45	2	282.90	98.40*	73.80	66.42	49.20	36.90	31.98	29.52
2.76	8	317.40	110.40	82.80*	74.52	55.20	41.40	35.88	33.12
3.03	7	348.45	121.20	90.90	81.81*	60.60	45.45	39.39	36.36
3.07	6	353.05	122.80	92.10	82.89	61.40*	46.05	39.91	36.84
3.13	4	359.95	125.20	93.90	84.51	62.60	46.95*	40.69	37.56
3.21	3	369.15	128.40	96.30	86.67	64.20	48.15	41.73*	38.52
3.49	1	401.35	139.60	104.70	94.23	69.80	52.35	45.37	41.88*

注：* 优化值；** 操作频次；M—混合；T—节气门；E—升降舵；AP—自动驾驶面板；C—交叉指针集；G—陀螺仪指南针集；I—对讲机面板；AC—自动罗盘面板

显控器件布局实际上是一种带性能约束的布局问题，该类问题具有评价、建模和求解的三重复杂性。显控界面评价的复杂性体现在评价过程涉及生理学、心理学、工程学、系统科学、安全科学等学科，不仅需要保证系统功能的安全、高效实现，而且需要考虑作业者在操作过程中的安全和舒适，这些因素通常难以给出确定的量化指标进行评价。显控器件布局问题具有建模的复杂性，这是因为其布局涉及数学、图形学、计算机科学、运筹学等多学科的知识，建模的过程中需要准确而清晰地表达这些知识，其复杂性主要在以下两个方面体现：一是布局空间和待布物的建模，重点在于对其几何特征的模型描述，其难点在于对任意形状的描述以及由此引出的形状间干涉检验问题；二是布局过程的建模，即对布局问题的目标和约束的数学描述，结合不同的工程应用背景，求解目标具有多样性。约束一般有几何约束、工艺约束等，其建模难度往往大于目标的建模，求解的复杂性可以通过计算复杂性理论体现。在计算机学领域中，显控界面布局问题属于最难的一类问题，到目前为止还不存在多项式算法能对其进行精确求解，因而在求解大规模显控界面布局问题时需要将其进行转换来求解，而且只能求得近优解，而不可能求得最优解。

在实际的工程项目中，显控器件布局设计可参考图 3-19 所示流程。首先明确作业环境空间约束及作业人员参数从而构建空间及人体模型，并确定作业空间范围和标准的眼点位置，基于此结合之前所提到的相关

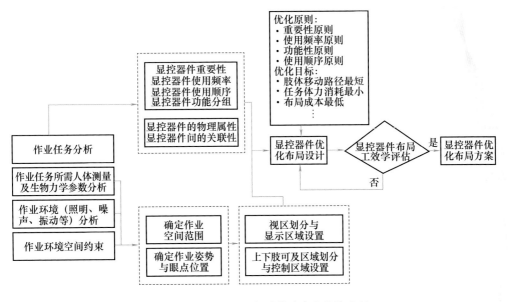

▲ 图 3-19　显控器件的布局设计流程

人因规范划分人员的视区和操作区域。通过作业任务分析了解显控器件的使用特性，包括重要性、频次性、顺序性和功能性等。设定优化目标，构建用于获取布局方案的数学模型，求解该模型得到多种布局方案并展开工效学评估。如若评估结果均不够理想可修改模型或继续生成更多的参考方案，直至得到令人满意的显控器件布局方案为止。

3.2 行以坐为先——人有所"椅"

一张普通的座椅，让美国总统成为它的超级粉丝。1961 年 9 月 26 日，美国总统竞选辩论在电视公开直播，这在美国历史上尚属第一次。在芝加哥 CBS 大楼的直播现场，直播组的工作人员都非常清楚这必定将是一次非同寻常的电视直播秀。他们忧虑于如何以当时最先进的同时又是经典而优雅的方式呈现恰当的画面。因为肯尼迪身患背疾，电视台工作人员考虑到这点，最终选择了一把实心硬木制作的圈椅作为辩论会场的座椅。那天晚上，将近 7 000 万的美国人打开电视机观看了两位候选人肯尼迪和尼克松的正面交锋。通过这场电视辩论，这把名为"The Chair"的座椅（图 3-20）收获了另外一个霸气的名字，被大家亲切地称为总统椅或肯尼迪椅。1997 年时任美国总统克林顿访问丹麦时，它被作为来自丹麦政府的礼物赠送给了克林顿。2009 年 12 月 18 日，美国总统奥巴马和俄罗斯总理梅德韦杰夫于丹麦哥本哈根举行双边会议时所坐的也是这把著名的"The Chair"。从肯尼迪到克林顿再到奥巴马，从此以后但凡有总统的电视影像出现，你都可以看见这把总统界爆款"总统椅"，可谓风靡政界。

The Chair 是 1949 年由丹麦设计名匠汉斯·韦格纳设计的。最初他的想法是设计出一款能够让有背疾的人坐上去以后可以很舒服的椅子，他设计出来后，因为当时参加总统竞选的肯尼迪正好有背疾，又是在电视直播中使用，因此韦格纳的这款椅子很快被大众所熟知。其实 1950 年美国《室内设计》（*Interiors*）杂志曾介绍过它，称之为"世界上最漂亮的椅子"。从 1949 年这把椅子诞生到现在，它从未没入时间的长河中，消逝在我们的视野中，反而在时光的打磨下愈显其韵味。

▲　图 3-20　1961 年 9 月 26 日美国总统竞选辩论会中的"The Chair"

在我们人类的生存空间中，家具是人们最亲密的伙伴，而在家具的"家族"之中，同人们关系最为紧密的，恐怕首推椅子了。椅子的历史可以追溯到古埃及新王国时期，在法老图坦卡蒙（约公元前 1361—公元前 1352 年）陵墓中出土了现今最古老的座椅。在我国，椅子的名称始见于唐代，而椅子的形象则要上溯到汉魏时传入北方的"胡床"。敦煌 285 窟壁画就有两人分坐在椅子上的图像，龙门莲花洞石雕中有坐圆凳的妇女，这些图像形象地再现了南北朝时期椅子、凳子在仕宦贵族家庭中的使用情况。尽管以我们现代人的观念来说是椅子，但是对于那个时期的古人来说，这种既能坐着又能躺着、卧着的家具被称为"胡床"。

椅子的概念直到唐代初期才逐渐为人所熟悉。到了宋朝时期，"高足高座"的椅子才开始在民间普及开来，也就是从这时候开始，中国人从"席地而坐"的时代进入"垂足而坐"的时代。在宋代，高桌椅普遍使用，并发展出了很多种类型的椅子。在民间，椅子身上也开始体现出等级制度。当时一般只有家中男主人或贵宾来访才能使用椅子，妇女及下人只能坐圆凳或马扎。宋代流行一种交椅，有地位家庭的主人和贵客才会坐这种椅子，所以后面还出现了"第一把交椅"的俗语。太师椅、官帽椅是当时宋朝座椅典型的代表，另外，还发展出高靠背椅、低靠背椅、灯挂椅、四出头扶手椅、文椅、宝座等不同样式。到了明朝，中国家具终于迎来了极为鼎盛辉煌的时期。明朝的椅子造型优美、选材考究、做工精细，还具有较高的舒适度。风格上，明朝的椅子简约、朴素、雅致，其中最为经典的是圈椅。

丹麦设计师汉斯·韦格纳深受中国明代圈椅的启发，从中汲取了精华，并进行了简化与延伸，将中国传统圈椅的原型，巧妙融合了北欧的有机曲线，让弯把美到了极致，创造了"Y Chair""The Chair"等经典作品，被称为"坐在明椅上的丹麦艺术家"。他一生的近 500 多种设计中有 1/3 与"中国椅"的主题相关。无疑，中国明式家具的功能、构造以及藏在外观之下的美学观念深深地吸引了他，并且他与中国明椅彼此成就。

由此可以看到，一把椅子的发展历史折射出整个人类社会文明的发展进程。座椅从权力、财富、社会地位和宗教的象征，变成了普通百姓生活中不可缺少的物品。现代人们的思想观念已经呈现出了多元的价值取向，椅子的设计也进入了五彩缤纷的时代，然而无论座椅如何变迁，采用什么样的工艺、材料和造型，好的座椅是为人而坐的思想不会改变。著名日本设计师柳宗理的蝴蝶椅、丹麦设计师阿纳·雅各布森的蛋椅、潘顿的潘顿椅、汉斯·韦格纳的"The Chair"，这些经典座椅作品不仅美轮美奂，而且无一不体现出对舒适性和人因工程学的极致追求，虽然经历了岁月的磨砺，但仍然焕发出强大的生命力。

3.2.1 "坐姿"时脊柱最有压力

19世纪末，伴随着打字机、电报的发明以及第二次技术革命的推进，劳动力市场开始发生变化，办公室工作逐渐成为这一时期增长最快的新工作。在进入21世纪后，科学技术的飞速发展使得人类的劳动力得到进一步解放，特别是电子计算机的出现，越来越多的工作都需要借助座椅来完成。有人说现代生活让我们坐着进行活动，如果这像一束花，那么椅子就是这些花朵的茎，座椅无疑已经成为我们现代生活不可或缺的成分。有人做过一个粗略的统计，一个普通人一生坐在电脑椅或工作椅上的时间超过40 000 h，一个办公职员一生坐在工作椅上的时间超过60 000 h，而一个IT从业者则超过80 000 h。

美国劳工部曾经有研究显示，在美国每个员工每年因工作效率低下、医疗赔偿要求的损失超过7 300美元，其中超过50%的人是腰部受伤。不良的椅子设计会导致不良的坐姿，而坐姿在这些损伤中起主要作用，80%的人会在某个时候背部受伤。许多人久坐后都有腰酸背疼的体会，这是因为当人坐下的时候，脊柱向后弯曲大约30°，从而造成脊柱内椎间盘的压力发生变化，即椎间盘的压力分布变得不均匀，从而挤压椎间盘，造成腰部损伤和腰疼现象。

从图3-21可以看出，正常的姿势下，脊柱的腰椎部分前凸，而至骶骨时则后凹。在良好的坐姿状态下，压力适当地分布于各椎间盘上，肌肉组织上承受均匀的静负荷。当处于非自然姿势时，椎间盘内压力分布不正常，形成的压力梯度，严重的会将椎间盘从腰椎之间挤出来，如图3-22所示，压迫中枢神经，产生腰部酸痛、疲劳等不适感。有研究表明，坐着时，脊柱承载150%的压力（以自然站立时脊椎承载荷指数为100为基准），坐着身体前倾（如使用电脑）时，脊柱承载250%的压力。坐着时，挺胸收腹使椎间盘受到的压力最小，而处于手臂支撑坐姿、双脚悬空坐姿、放松坐姿、后倾坐姿、前倾坐姿时，椎间盘压力依次增大。

 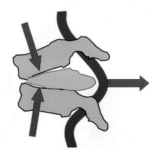

▲ 图 3-21　自然姿势下的脊柱受力　　▲ 图 3-22　非自然姿势下的脊柱受力

　　座椅设计的一个主要原则就是让人的脊柱受力减负。人体在什么姿势下脊柱受力最小呢？ NASA 曾经为了解航天器如何为航天员提供舒适、安全的功能，对这个问题进行了研究，他们在天空实验室微重力环境中对 12 名被试进行了观察和测量，确定了人体在微重力下脊柱受力最小自然呈现的姿势（Neutral Body Posture，NBP）。20 世纪 80 年代在 NASA-STD-3000 标准中确定并记录了 NBP 的特性，后来被广泛应用于空间站及运载工具的设计中，图 3-23 和图 3-24 分别是 NASA-STD-3000 中对 NBP 的定义以及根据 NBP 设计的联盟号航天员座椅。

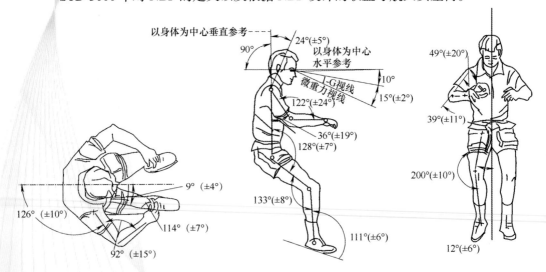

▲ 图 3-23　NASA-STD-3000 中的 NBP

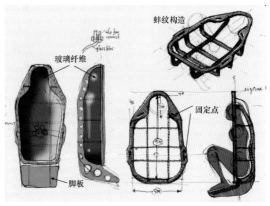

蛙纹构造

玻璃纤维

固定点

脚板

▲ 图 3-24 联盟号飞船上的航天员座椅

在座椅设计时，为了能让人的脊柱受力最小，一般有两种途径，一是调整座椅靠背的角度，给腰背部提供支撑，二是通过调整工作面和座椅面，使人体接近 NBP。这两种方式的目的均是为了减少脊柱向后凹的变形，促成腰椎前凸姿势，从而改善脊柱受力。

1. 为腰背部提供支撑

在维多利亚时代，上流社会的人们为了保持优雅，十分推崇让上身保持直立的坐姿，如图 3-25 所示。但是从 1948 年以来的研究表明，这是一种不健康的坐姿，这种坐姿在没有腰部支撑的情况下减少了 50% 的腰椎前凸，还会引起腿筋和臀部肌肉紧张，导致骨盆向后旋转，使腰椎前凸变平，同时竖脊肌持续活动加速了肌肉疲劳，使这种姿势不可持续，很快就会变成前屈，使腰椎处于后凸状态，导致腰椎间盘内压力平衡的失调。

在有腰背支撑的坐姿中，腰椎可以通过调节腰部支撑使骨盆向前旋转，促成腰椎前凸。图 3-26 中是研究人员通过实验得出的

▲ 图 3-25 维多利亚时代坐姿

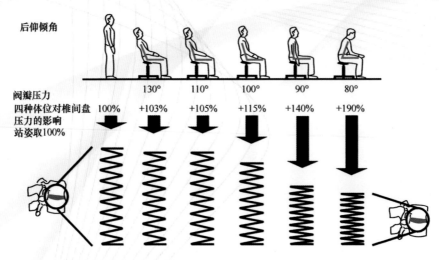

▲ 图 3-26　不同靠背倾角下的腰椎间盘受力

引自 Nachemson 和 Elfstrom

不同靠背倾斜角度情况下腰椎间盘受力的情况，研究表明大于 90°的靠背可防止骨盆的旋转，增加坐姿稳定性且使坐姿更接近 NBP 状态。

学者 Gscheidle 在 2004 年对 80 名男女被试在没有工作任务的情况下坐在办公椅上的姿势进行了研究，发现所有人都选择了倾斜的姿势，靠背角度与垂直方向平均成 25°。图 3-27 为被试测量时的数字化点和对靠背角度及坐姿倾角（髋—眼角度）的定义。图 3-28 显示了在被试首选姿势中靠背角度和坐姿倾角的分布，靠背角度的分布近似对数正态分布，靠背倾斜角度中值为 24.0°，90% 的被试首选靠背角度小于 30.4°，靠背角度不随性别、身高或体重指数而显著变化，尽管男性倾向于更倾斜的靠背角度（男性平均为 26.0°，女性为 24.1°）。坐姿倾角男女平均为 6.6°，坐姿倾角与身高或体重指数无显著相关性，但身高越矮，体重指数越高，坐姿倾角越垂直的趋势较弱。

从上述两项研究可以看到，为腰背部提供支撑可以显著改善脊柱腰椎间盘间压力，当靠背角度从 80°~130°变化时，压力呈现出逐渐减少的现象，所有被试倾向选择靠背角度后仰的座椅，平均靠背角度是 115°。

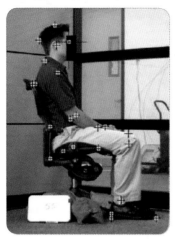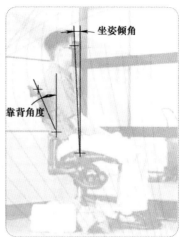

▲ 图 3-27 侧视图图像数字化点（左）和姿态变量定义（右）

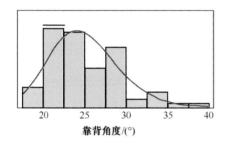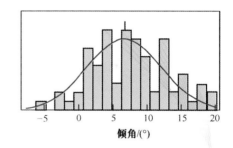

▲ 图 3-28 被试靠背角度及坐姿倾角的统计分布

2. 改善作业姿势

1953 年学者 Keegan 对与姿势和坐姿有关的腰椎曲线进行了研究，他用 X 光照射了人体非常放松的姿势，发现这种脊柱受力较小的姿势类似于人体正常的侧睡姿势，此时臀部约有 30° 的屈曲（若由脊柱起算大约 120°）；若就清醒情况而言，则此姿势相当于坐骑马背的姿势（腿部斜下与脊柱约成 120°），这与 NASA 研究得出的 NBP 姿势是十分接近的。另外还有学者通过对人的作业姿势的研究发现，椅面向前倾斜的座椅可以使人的脊柱处于更加挺直的状态。图 3-29 是 3 个不同高度的座椅和工作台设计对人的脊柱弯曲的影响，实验发现，C 方案的设计使人的脊柱弯曲最少。图 3-30 是 1974 年挪威设计师彼得·奥普斯维克通过调整工作面和座椅面的角度设计的跪椅,它通过椅面向前倾斜将人的脊柱调整到自然挺直状态,从而避免脊柱弯曲。

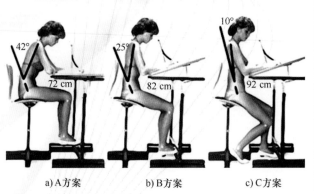

a) A 方案 b) B 方案 c) C 方案

▲ 图 3-29 不同高度的座椅和工作台设计对人的脊柱弯曲的影响

▲ 图 3-30 跪椅

跪椅的设计最初是为了改善腰椎前凸,但是倾斜的座椅增加了大腿、膝盖和胫骨的压力,限制了小腿的血液循环,增加了腿部疲劳,限定了人体移动,这违背了最初的座椅设计意图,于是设计师们在跪椅的基础上设计出了骑马椅。它在保持脊柱挺直的同时,扩展了下肢活动范围。图 3-31 所示是澳大利亚 Salli 公司目前在市场上推出的一款分体式骑马椅,深受室内办公人员的欢迎。2014 年瑞士萨佩蒂工作室也根据这个原理设计了一款名为 Noonee 的可穿戴座椅,如图 3-32 所示,这是一种可以行走的座椅,已经开始在戴姆勒和奥迪等公司广泛使用。

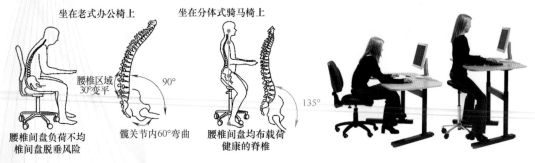

▲ 图 3-31 Salli 公司的分体式骑马椅

▲　图 3-32　Noonee 可穿戴座椅

3.2.2　如何让座椅坐起来舒适

　　2019 年 10 月沃尔沃汽车英国分公司发布了一项针对驾驶人乘适表现的研究报告，发现不良座椅设计造成 80% 英国人有背痛的困扰，2018 年中更有高达三分之一的驾驶员因不佳的座椅至少请假一天，导

致一年高达 88 亿英镑的生产经济损失，这还未包含驾驶员因背部不适所产生 2 亿英镑的医疗支出。这份研究报告还进一步指出有高达 63% 的人将座椅舒适性列为购车先决条件，并有将近五分之一的人将车辆换成座椅舒适度更高的车型。

　　沃尔沃公司是最早将人体脊椎研究纳入座椅设计的汽车制造商之一（如图 3-33 和图 3-34 所示）。如今，沃尔沃设计座椅采用了"三层

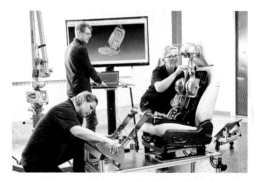

▲　图 3-33　沃尔沃公司进行人体模型测试

▲　图 3-34　沃尔沃 XC90 儿童座椅概念设计

概念"来打造，其中包含基础舒适性、巡航舒适性与动态舒适性，确保无论面对何种道路类型与驾驶形态，都能确保驾驶员和乘客在旅途中始终保持最自然放松的姿态并得到充足的支撑性。

舒适是人们对座椅品质的一种追求，然而舒适性并没有确切的定义。《牛津词典》（2010年）将其定义为"身体轻松，免受痛苦或束缚的状态"，《韦氏词典》的定义是"舒适是一种轻松、激励、高兴的状态或者感受"，其他的词汇定义包括身心健康、免于痛苦、欲望或焦虑、安静的享受、恢复和满足的状态。学者 Pineau 对舒适的定义是"一切有助于人类的幸福和物质生活方面的便利"。关于舒适的定义还有很多争论，但以下三点是学术界的共识。

（1）舒适是个人性质的主观定义。

（2）舒适感受各种因素（身体、生理、心理）的影响。

（3）舒适是对环境的反应。

在对座椅舒适性的研究中，主要的争议点在于舒适性与不舒适性的差异，很多学者认为舒适性和不舒适性是两个概念。如 Vink 定义舒适为"一种愉快的状态或一种人类对环境的放松感觉"，而不舒适则为"人体对环境的一种不愉快状态"；而 Helander 和 Zhang 则更具体地说明不舒适性与疼痛、疲劳、酸痛和麻木有关，这些感觉是由座椅设计中的物理约束所引起的，并由关节角度、组织压力、肌肉收缩、血液的循环阻塞等因素传递。一个明显的表现为不舒适性随着乘坐时间的推移而增大，而舒适性则是一种"安宁"的感觉和对座椅"美感"的印象，因而，减少不舒适性不会增加舒适性，两者是不同的概念。

在 Looze 提出的理论模型中，座椅舒适性和不舒适性包含的内容如图 3-35 所示。这个理论模型的左边部分是不舒适性，其基础是一些物理属性，该模型认为"外部暴露""内部剂量""反应"和"身体能力"是人体在坐姿下产生不舒适性的主要因素。"外部暴露"是指导致人体内部状态（"内部剂量"）紊乱的外部因素；"内部剂量"可引起机械、生物化学或生理反应的重叠；"外部暴露"导致的"内部剂量"和"反应"程度取决于个人的"身体能力"。具体映射到座椅上，即指座椅的物理特性（如形状、柔软度）、环境和任务（如阅读）导致坐姿承受的负荷，这些负荷主要是来自于座椅作用于人体和关节角的力和压力，它们可能引发内部状态的改变，使得肌肉活化、椎间盘压力增大、神经和血液循环系统加强以及皮肤和体温升高，进而引发生物化学、生理和生物力学反应，通过外部感觉（皮肤传感器的刺激）、本体（来自肌肉心肌、肌腱和关节中传感器的刺激）、内部刺激（来自内部器官系统的刺激）和伤害感受（来自疼痛传感器的刺激），引发不舒适感的产生。

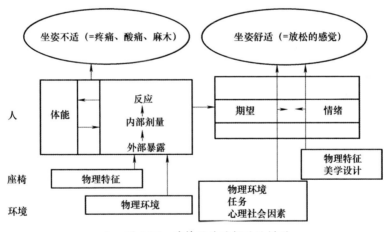

▲ 图 3-35 座椅设计的舒适性模型

图 3-35 模型的右边是舒适性，即放松和幸福的感觉，同样的，影响因素呈现在人、座椅和环境三个层面上。在环境层面，不仅物理特征起作用，诸如工作满意度和社会支持等心理社会因素也会产生影响；在座椅层面，除了座椅的美学设计，物理特性也可能会影响人的舒适性；在人的层面上，主要影响因素是个人期望、感觉和情绪，占据主导性的不舒适性因素由水平箭头从左指向右侧。

座椅自身层面的舒适性主要体现在静态和动态两个方面，动态舒适性主要涉及车辆等运载工具中的座椅，与运载工具的动力学特征密切相关，而一般座椅更加关注的是静态舒适性。座椅的静态舒适性是指在静止状态下座椅提供给人体的舒适性，主要与座椅轮廓、材料、尺寸角度和体压分布有关。概括起来主要有几何及人体因素和体压分布两个方面。

1. 影响静态舒适性的几何及人体因素

（1）座椅几何因素

- 座椅轮廓

座椅轮廓主要通过影响体压分布来影响人的不适感。一般认为，较好的座椅轮廓应使体压峰值位于乘客坐骨结节处，同时具有较大的接触面积和较低的平均压力。Chen 等的研究发现不同的坐垫轮廓会产生不同的体压分布；Andreoni 等分析了大量具有不同轮廓的座椅舒适性及其体压分布，通过比较发现最佳的坐垫轮廓应使体压峰值处于坐骨结节处；Noro 等的研究则发现，具有较大的接触面积和较低的平均压力的座椅具有更好的舒适性。

- 座椅尺寸

与座椅轮廓相似，座椅尺寸也是通过影响体压分布来影响人的不适感，Kyung 等的研究发现不同座椅对体压指标，如臀部和腿部的平均压力、峰值压力和接触面积有显著性影响，这可能是由不同座椅尺寸造成的，但也有可能是不同形状和材料引起的；Reed 等指出，坐垫长度是大腿支撑的重要决定因素，过长的坐垫会使乘客膝盖附近的腿部后部产生压力，进而导致局部不舒适性并限制血液流向腿部；此外，Hostens 等研究发现靠背倾角越小，坐垫上的次最大压力越大，而靠背上的次最大压力越小。

- 座椅材料

座椅材料既对座椅静态舒适性有影响，也对动态舒适性有影响，在静态舒适性方面，有学者探讨了座椅材料对乘客座椅舒适性和不舒适性的影响，Wang 等比较了不同硬度（硬、中、软三个水平）的三种坐垫，结果表明当峰值压力降低时，耐坐时间会增加。热舒适性是座椅材料影响静态舒适性的另一方面，皮肤表面温度和湿度的增加会导致不适感，其部分原因在于皮肤潮湿时摩擦系数会增加，Bartels 研究表明纺织品座椅面料要优于皮革面料。

- 坐姿因素

目前在汽车研究中表明，乘员可以通过改变身体姿势或进行姿势变化来补偿不舒适性。当乘坐或驾驶时间增加时，体压变化指标和主观不舒适评分增加，这意味着乘客或驾驶员在感到不适时往往会更频繁地移动。Le 等在测量汽车座椅时注意到了不舒适性引起驾驶员身体的移动；在对滑翔机飞行员进行作业研究时，Jackson 发现大约在 40 min 后飞行员开始做大动作以缓解臀部压力，因此身体的移动也可以作为座椅不舒适性的指标。Telfer 等发现身体运动可以解释 29.7% 的不舒适性方差，而 Søndergaardet 的研究表明压力中心运动的标准差与不舒适性相关。

另一方面，这种改变身体姿势运动也可以用来减缓随着时间的推移而带来的不舒适性，创造舒适性，无论是主动的运动还是被动的运动都对舒适性有积极作用，并减缓不舒适性。坐姿状态下长时间单调的低水平机械负荷会引起不舒适性，被动运动对防止办公室座椅的不舒适性有积极作用。Franz 等研究表明，驾驶座椅配备按摩系统时舒适度较高，同时斜方肌的肌肉活动显著较低。另外还有学者发现在办公椅和汽车后座的主动变换坐姿的实验中，就座者的不舒适性较低。

因此，运动与舒适和不舒适之间的关系是双重的，一方面，微动作和烦躁是不舒适的适当表现，甚至在人还没有意识到不舒适时就有征兆，另一方面，主动动态坐姿可以减少不舒适性并改善舒适度。

（2）人体特征

人体特征主要是指人体测量因素，如身高和体重，然而人体测量因素与年龄、种族和性别有关，这些特征也会随着时间的推移而变化。

• 种族

大部分身体尺寸遵循正态分布，然而不同人群的正态曲线是不同的。此外，不仅身体整体大小不同，身体部位的比例也不同，如中国人与欧洲人相比下肢比例明显偏小。

• 年龄

由于身体组织的老化，成年人的人体测量尺寸标准可能不适用于老年人，因此老年人需要制订特定的人体测量数据。例如，随着年龄的增长身高会下降，最有可能的原因是由于脊椎椎间盘的收缩，这一过程开始于 40 岁左右，并在 50 到 60 岁之间迅速下降，然而体重一直稳步增长直到 50 到 55 岁，之后开始下降。

• 性别

中国成年男子的平均身高是 1 678 mm，比中国成年女性高出 108 mm（1 570 mm），一个专为第 5 至第 95 百分位男性设计的座椅，适用于 90% 的男性，但只能满足 40% 的女性，因为第 5 个百分位男性（身高 1 583 mm，）大约对应于第 60 百分位的女性，座椅的设计应考虑男性和女性乘客。

此外，男性和女性身体部位的比例也不同。例如，中国女性平均坐姿臀宽（344 mm）接近于平均肩宽（351 mm），而这一差异在中国男性中是 54 mm（臀宽 321 mm，肩宽 375 mm）。

• 时间变迁

人们的生活方式、营养和民族构成的变化将引起身体尺寸分布的变化，这也是定期更新人体测量数据的原因。由于营养摄入的改善、生活品质的提高，中国人口的身高和体重都有所增长，对于寿命相对较短的产品来说，这可能并不相关，但是对于火车和飞机等交通工具而言，开发时间长，产品预期寿命长，设计人员必须要预测乘客身体尺寸的变化。

　　2.体压分布与静态舒适性

　　（1）体压分布指标与静态舒适性

　　现有的研究采用了多个指标来描述体压分布，如接触面积、平均压力、峰值压力、压力梯度、压力变化等。此外，一些研究划分了不同的接触面，如大腿前部、大腿中部和臀部等。不同的方法可以被用来测定体压分布对舒适性或不舒适性的影响，例如每一身体部位的不舒适/舒适评级、引起不舒适的数量以及座椅舒适性之间的排序，这里我们主要关注的是体压分布变量与舒适性和不舒适性之间的相关性。

　　对于坐垫舒适性，Carcone 等发现大的接触面积与高的舒适性相关的趋势，而平均压力和峰值压力与腰部、臀部和大腿区域的舒适性没有显著关系。Noro 等研究发现较低的平均压力与较少的不舒适性相对应；身体压力随着全身的不舒适性和身体局部（包括腰、髋、大腿）不舒适性的增加而增加。Chen 等认为，压力应该在坐骨中心（坐骨结节）最高，并向大腿两侧逐渐减小；Kyung 等通过对 22 名被试的 36 项压力的测试发现，右臀的接触压力与不舒适性评级具有最大的正相关性（r=0.31）。

　　对于靠背舒适性，Carcone 等发现最低的靠背平均压力是最佳的。然而与 Carcone 的结论不同，Porter 等的研究表明座椅靠背区域的平均压力和舒适性没有显著关系，此外，他们还发现腰椎、臀部和大腿区域的峰值压力与舒适度也没有关系。Zhiping 等发现靠背接触面积和背部不舒适性有一个显著的正相关性（接触面积越大越不舒适），同时背部峰值压力和背部不舒适性有一个较小的正相关性（压力越大越不舒适）。

　　对于颈部和头部压力，Franz 等的研究表明颈部压力应远低于头部压力，然而头部相对于肩部的位置在人群中差异较大，使得颈部 / 头枕的设计更加复杂。

De 通过文献分析发现相比于其他客观测量方法（身体动作、通过肌电估计肌肉活动和疲劳、测量脊柱收缩和脚 / 腿的体积变化），体压分布与舒适性的主观评价有最清晰的关联关系。在 De 的文献综述中，有三篇文献显示了体压分布和舒适性或不舒适性的显著相关性，两篇显示两者有关联性。

压力分布虽然是经常被用于评价座椅舒适性和不舒适性的指标，但是由于它往往会受多个因素（人的身材、坐姿）影响，其他因素例如姿势或运动也会引起舒适和不舒适。由于压力分布解释的舒适性和不舒适性等级变化较低，因此压力分布测量不足以解释两个舒适性等级不同的座椅之间的差异。

（2）理想体压分布

从上文的介绍中可以看出，尽管学术界对于使用压力分布解释舒适性和不舒适性仍有争议，但是在所有客观衡量舒适性的指标中，体压分布与不舒适性的关系最为密切。体压分布是身体各部位占总体压的百分比，这些百分比将总负荷分散到各身体部位上。合理的体压分布可以减缓不舒适性，然而目前并没有可靠的数据显示什么样的体压分布是健康舒适的。Zenk 指出，后仰式的靠背、脚部前下方的支撑，可以分散负荷，减少压力，减缓不舒适性。

有学者研究了高端汽车中的座椅理想体压分布，Hartung 认为臀部应占据坐垫上一半以上的体压，其坐垫理想体压分布如图 3-36 所示。与该观点相似，Vink 则将理想体压分布扩展到靠背，在

负载50%~65%

负载10%~30%

负载6%

▲ 图 3-36 坐垫理想体压分布

靠背分担体压的情况下，臀部压力仍应占据总体体压的一半以上，如图3-37所示。Kilincsoy 对比了 Zenk 和 Mergl 两位学者博士论文中的理想体压分布，如图 3-38 所示。相比而言，Zenk 和 Mergl 认为靠背应承担一半以上的体压，而臀部仅承担大约四分之一的体压。

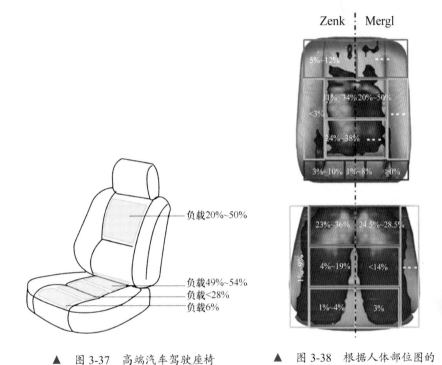

▲ 图 3-37 高端汽车驾驶座椅理想体压分布

▲ 图 3-38 根据人体部位图的理想体压分布边际百分比

从头开始重新设计一个座椅是非常困难的，因而一般通过改进现有座椅来设计一个新座椅。在实际的座椅设计中可参考图 3-39 所示的设

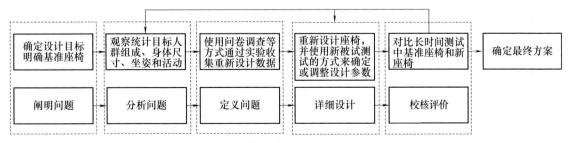

▲ 图 3-39 座椅设计实验方法流程

人因工程

从人机相宜到人机合一

计流程。首先明确设计目标并定义好现有的基准座椅，在其基础上优化改进。通过观察统计目标人群（使用对象）的身体尺寸、坐姿姿态及使用该座椅时所从事的活动，来分析座椅的设计需求，通常可采用问卷调查等方式来收集用户数据。基于所采集数据对原座椅进行重新设计或优化改进，并对设计方案进行评估，对比基准座椅和新座椅的评估结果。如果新的设计方案未满足设计目标，则返回问题分析与详细设计阶段重新设计，提出更多的方案并进行再评估，直至获得满意的最终方案为止。

可以看出，整个设计流程是不断的改进和再评估的过程。其中再评估的过程决定着最终的设计方案。在明确座椅舒适性定义和了解影响座椅舒适性的因素后，可以对座椅舒适性进行量化评估。现有的评价方法主要有问卷调查法、数学模型法和仿真方法三种，这里我们以问卷调查法为例看一看具体的座椅舒适性评价。

从座椅舒适性的定义可以看出，座椅舒适性是一个主观的概念，在这种背景下，使用结构化问卷进行调查的方式来对座椅舒适性评价是了解人对座椅舒适性看法和期望的一种最佳方式。因而，一个设计适当的问卷，即一个由座椅舒适性普遍接受的定义出发，并从影响座椅舒适性的关键因素入手进行问卷量表设计是非常重要的。问卷可以为研究人员的建模和优化提供基础。

一份好的问卷是可信和有效的，问卷分为两个部分，一个真实得分部分和一个测量误差部分。可信的问卷题项几乎没有测量误差，然而，不可能在一个问卷题项上直接观察实际分数的真实部分和误差部分，需要用一些统计指标来估计问卷题项反映真实分数的程度，如重测信度、结构效度等。下面是 Kolich 等座椅舒适性问卷量表的设计过程：

步骤 1 通过文献回顾，确定调查题项的措辞、量表类型和级数、被试的兴趣与动机。

步骤 2 基于调研，定义舒适性指标以消除座椅总体舒适性评级的歧义，这些指标将用来说明信效度，即问卷的可信性和有效性。

步骤 3 对一组相同的被试，通过多次反复测试提升问卷信度。

按照上述过程，Kolich 设计的座椅舒适性问卷包含有 9 个题项，具体见表 3-4，该问卷的内部一致性信度在两次测试中分别为 0.972 和 0.950，同时具有合适的结构效度和较高的表面效度。

表 3-4 Kolich 设计的座椅舒适性问卷

恰到好处						
	-3 -2 -1 0 1 2 3					
椅背						
1. 腰椎支持量	太少 □ □ □ □ □ □ □ 太多					

椅背	1	2	3	4	5	量表
2. 后尾骨舒适性	□	□	□	□	□	1= 非常不舒适
3. 腰部舒适度	□	□	□	□	□	2= 不舒适
4. 上背舒适性	□	□	□	□	□	3= 中性的 4= 舒适
5. 椅背侧面舒适性	□	□	□	□	□	5= 非常舒适
坐垫						
6. 垫尾舒适性	□	□	□	□	□	
7. 坐骨舒适性	□	□	□	□	□	
8. 大腿舒适度	□	□	□	□	□	
9. 坐垫侧面舒适性	□	□	□	□	□	

除了 Kolich 等的量表之外，Kyung 等设计了舒适与不舒适性评级量表，如图 3-40 所示。

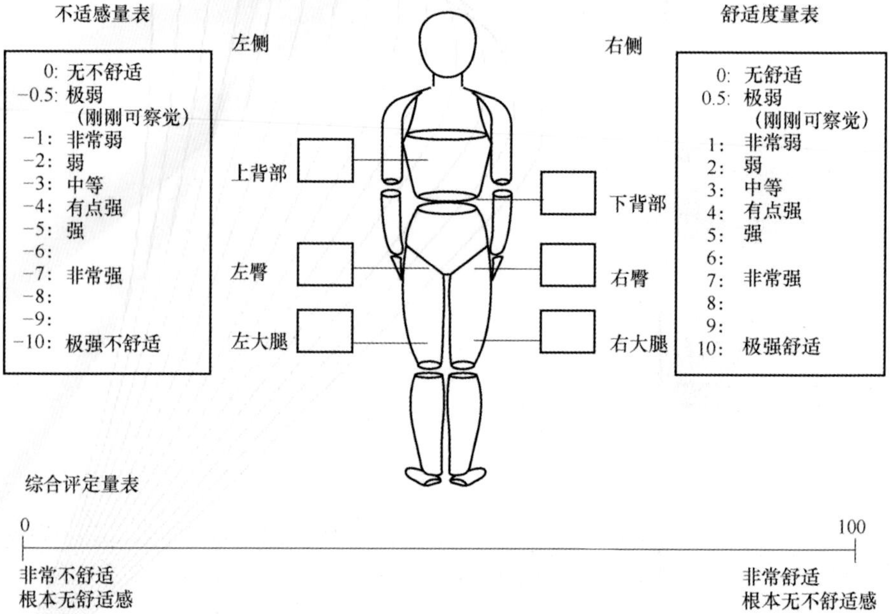
不适感量表
0: 无不舒适
−0.5: 极弱
（刚刚可察觉）
−1: 非常弱
−2: 弱
−3: 中等
−4: 有点强
−5: 强
−6:
−7: 非常强
−8:
−9:
−10: 极强不舒适
左侧
上背部
左臀
左大腿
右侧
下背部
右臀
右大腿
舒适度量表
0: 无舒适
0.5: 极弱
（刚刚可察觉）
1: 非常弱
2: 弱
3: 中等
4: 有点强
5: 强
6:
7: 非常强
8:
9:
10: 极强舒适
综合评定量表
0
100
非常不舒适
根本无舒适感
非常舒适
根本无不舒适感

▲ 图 3-40 舒适与不舒适性评级量表

由于座椅舒适性的概念尚存在较大的争议，由此建立起来的舒适性评价量表也是不同的。Kolich 和 Gyi 认为舒适性与不舒适性是同一概念内的两个极端，非此即彼，因而在问卷中只有一组题项。而 Zhang 与 Kyung 认为两者是不同的概念，没有不舒适性不代表有舒适性，因而在问卷中体现出有两组题项。

4

武器系统战斗力的倍增器

4.1 软件界面锻造战斗力

　　1988 年 7 月 3 日 10 点 17 分，伊朗航空公司 A300B2-203 型客机从阿巴斯港国际机场起飞，执行 IR655 号航班飞行任务，全程仅有 28 分钟。但不久后却在伊朗周边空域被美国"文森"号宙斯盾导弹巡洋舰发射的"标准-2"型舰空导弹击落，导致机上 275 名乘客以及 15 名机组人员全部罹难。由于在击落客机稍早之前，"文森"号宙斯盾导弹巡洋舰刚刚与 1 艘伊朗海军炮艇交过手，使得全舰处于高度紧张的备战状态，发现这架不明飞机更是加剧了舰上人员的紧张心态。起初，"文森"号宙斯盾导弹巡洋舰使用军用航空紧急频道（7 次）和民用紧急频道（3 次）试图与客机建立联络，均未成功。之后，"文森"号宙斯盾导弹巡洋舰根据该机的飞行轨迹，认为这是一架伊朗空军最具威胁的 F-14"雄猫"战斗机。舰长威廉·罗杰斯三世下达了拦截命令，将其击落。杰斯舰长以为他做了一个非常正确的决策，事实的真相则谬以千里，直到他从电视上看到漂浮在海面上的客机残骸和乘客尸体，才发现自己竟然成了直接夺走 290 名无辜生命的"刽子手"。

　　2020 年 1 月 8 日早上，在伊朗德黑兰机场起飞的乌克兰国际航空公司 PS752 航班在起飞后不久坠毁，机上 176 人全部罹难。1 月 11 日，伊朗军方发表声明，承认了此次航空事故是由于伊朗军方人为失误，将这架客机认为是敌机，发射了地对空导弹所导致的。伊朗方面在细节披露上说，事发当时 PS752 客机做了一个"难以理解的转弯"，并且靠近了伊朗一个极为敏感的军事设施，因而被伊朗军方误判为美国方面的导弹，且当时部队正处在交接期，通信似乎暂时中断，所以导弹操作员只有 10 s 的时间决定是否发射导弹，操作员最终选择了发射。对此，伊朗总统鲁哈尼、外长扎里夫、武装部队总参谋部先后发表道歉声明，并称将确认并起诉犯罪者。

4.1.1 数字化信息的传递媒介——人机交互界面

民用飞机被意外击落是罕见的，但其后果却是极其惨痛的，引发军方人员判断失误的原因除了高度紧张的作战心态之外，还有信息获取的缺乏以及辅助决策的缺失。在战场上，时间就是生命，随着信息化战争时代的到来，战场情况更是瞬息万变，战机稍纵即逝，位于作战指挥中心的军方人员要时刻关注战场信息变化并迅速制订新的作战计划。单纯地依靠"人脑"来解决是不现实的，必须借助以智能计算机技术为主的数字界面信息系统。武器系统作为复杂的信息化装备，其人机交互界面就如同系统的神经中枢，各方信息均汇聚于此，是操作者获取信息、判断和决策的重要依据，因此系统的人机交互界面设计是否合理也将直接影响系统战斗力的提升与否。

广义的人机交互界面是指人机系统中，用于在人与机器之间进行信息交流和控制活动的载体；狭义的人机交互界面是指计算机系统中的软件界面，也称人机接口、用户界面（User Interface，UI）。通常，一个完整的人机系统包括机器系统、人、显示及控制器三部分，系统的各种信息通过显示器呈现并被人体感觉器官所感知，实现机器对人的信息传递。人在接收到来自视觉、听觉等感官的信息后，经过知觉、记忆系统、思维和决策等一系列大脑的认知决策过程对信息进行加工，做出反应，选择并输出行为动作，完成人对机器的信息反馈，如图 4-1 所示。

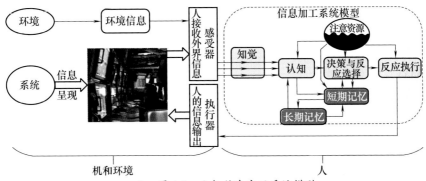

▲ 图 4-1 人机信息交互系统模型

可见在人机系统中，人始终处于核心地位。人员要执行某项任务就必须对系统的部分信息进行加工处理，这部分信息需要通过显示器呈现，而呈现方式就需要遵循一定的设计原则，以适应人们的认读习惯，保障人员能够快速理解并保持较高水平的情景意识。通常，信息的呈现形式是多种多样的，不同类型的信息根据人员执行任务的不同需求，其最佳的呈现形式也有所区别。例如定量读数形式（如压力为 125 psi，1 psi = 6 894.757 Pa）适用于需要快速确认精确数值的任务场景，而定性读数则是显示一个近似值，可用于变化率、变化方向等变动趋势，从而获取例如"压力在回升"这样的解读。如若信息呈现与人员认知未能较好地匹配，就容易造成信息在传递过程中丢失，引发人为失误、降低作业绩效，从而酿成一系列重大安全事故。在信息安全领域，人机界面这一数据信息的载体，其信息显示的有效性和可靠性，将直接关系到整个系统的安全。因此，良好的人机界面设计对于有效的系统是至关重要的。

为了更好地理解当今人机交互界面（Human-Computer Interaction，HCI）的特点以及未来发展前景，我们先来回顾一下它的研究历程。人机交互界面设计的发展，首先要归功于计算机技术的飞速进步。在最初的人机交互发展阶段中，科技技术占据了主导地位，而用户是次要的。对于以批处理模式运行的大型计算机（例如 1946 年诞生的 ENIAC），设计的重点主要是如何从硬件和软件中获得最大的计算能力，因此用户使用的便利性并不是最优先考虑的事情。

计算机应用领域的迅速扩展，微型计算机、计算机网络和阴极射线管终端的日益普及，让计算机用户发生了变迁，非计算机专业的普通用户自然成了科技进步的最大受益者。随着计算机和信息技术广泛进入到人们的工作生活领域，这一时期对以用户为中心的设计的呼声越来越高，系统界面的可用性问题日益突出。因此，越来越多的人机交互界面研究人员指出，界面设计的主要目的应是为用户服务，而并非是使计算能力最大化。例如，1973 年施乐公司帕洛阿尔托研究中心最先建构了WIMP（Window-Icon-Mouse-Pointer，也就是视窗、图标、菜单和点选器 / 下拉菜单）的范例，并率先在施乐公司的一台实验性计算机上成功使用。

自 20 世纪 80 年代以来，人机界面研究有了前所未有的进展，让用户获得优先权成了设计的中心，而技术则承担着支持角色。随着计算机组件的微型化和将面向用户的功能打包应用到个人工作站中，包括二维显示屏（窗口系统）、交互式设备（如鼠标和键盘）、图形、颜色等，满足个体用户界面设计需求逐步实现。例如在 1983 年，Visi 集团推出Visi On，首次提出了在 PC 环境下的"视窗"和鼠标的概念，如图 4-2所示；1985 年微软公司推出的 Windows 1.0 操作系统界面开始出现了如图 4-3 所示的大量图形与图标。伴随着界面风格从功能主义向多元化和人性化发展，心理学、人因工程学、社会学、语言学等相关学科也逐渐融入，人机交互成为一门跨学科专业。

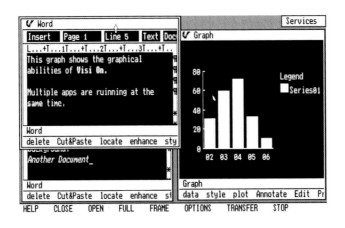

▲　图 4-2　Visi On 界面

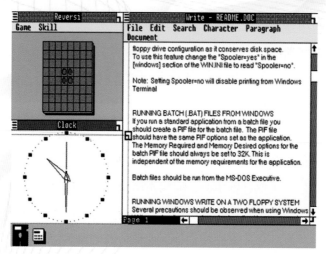

▲ 图 4-3 微软 Windows1.0 操作系统界面

尼古拉斯·尼葛洛庞帝（Nicholas Negropnte）曾经说过："无论你有没有做好进入信息化 / 数字化时代的准备，有一点很清楚，我们正以飞快的速度进入它，我们身边所有能被信息化 / 数字化的东西，都将被信息化 / 数字化。"随着科技的飞速发展，计算机用户群体规模的逐步扩大，用户个性意识的不断增强和交互需求的不断提高，数字化人机交互界面呈现出多样化的趋势，这使得界面设计、度量和评估更加复杂。下面我们将从人机交互界面的构成要素和设计展开分析，探讨如何对复杂系统中的人机界面进行有效的改进和设计，使系统作业更加高效协同。

4.1.2 视觉显示界面设计的构成与理念——要素与原则

设计，即为了达到某个目的，对一个或多个设计要素与原则进行的搭配组合。设计原则掌控着所使用的要素间的关系，并将其构成一个整体。采用"原则"而非"规则"，即从用户的使用目的与意图来驱动设计的形成，以达到要素之间的和谐，而非简单的教条。因此，对界面的要素和原则的认知是创建视觉显示界面的第一步，好的界面设计在于兼顾使用原则和要素，从而满足设计的功能目的和用户的视觉需求。

在界面视觉设计中包含 6 个基本设计要素：图标、控件、导航、色彩、布局和交互。这些元素进一步细化，又可拓展出更细致的设计内容。例如，图标可分为日常被广泛应用的通用性图标和具有专业性知识、应用于特定场合的特殊性图标；控件包含了窗口、菜单、滚动条、标签、文本框、列表框、单选按钮、复选框等多种类别；导航又分为主导航、局部导航、菜单导航、分步导航等类别。众多的设计元素使视觉显示界面形象化且多样化的同时，也给显示界面设计大大增添了复杂性，一个出色的界面设计，必然需要将这些要素的应用做到淋漓尽致，从而最大限度地开发界面，用于人员作业的辅助支持，提升作业效率，保障系统安全。

人机交互的作业效率通常取决于交互界面与人的感知、认知及运动器官的匹配速度。界面设计需要关注如何将显示界面的视觉结构匹配用户的心理模型，也必须关注如何将系统的状态传达给用户，还要关注围绕着辅助用户决策功能方面的问题。因此，界面设计需要根据人的知觉、认知、决策及执行特性，制订相应的设计原则，以最大限度地提高界面设计的可用性。否则，大量的信息及设计要素会使设计者无从着手，所设计的界面也会让用户头晕眼花、效率降低，拥有不好的使用体验。下面我们结合美国海军"宙斯盾"战舰的战情中心 CIC（Combat Information Center）的双屏软件界面，如图 4-4 所示，来看一看常见的界面设计要素在实际中是如何应用的。

图 4-4 左边是综合态势图，主体是二维俯视的战场态势地图，展示了整个战场态势，上面可以分层叠加目标、一些航线和地图标注信息（波斯湾的）。左边是其他一些系统状态和控制信息，如 2D 还是 3D 模式、地图放大倍率、工作状态等；右边是单个目标的详图和应对方案。两屏下面有 16 个目标块，显示了威胁最大的 16 个目标的简要信息，可以由

此选择在右边屏显示对应那个目标的详情。

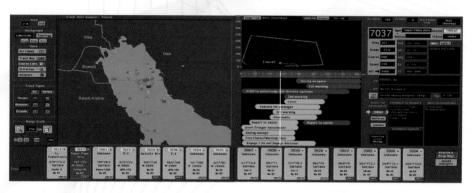

▲ 图 4-4 美国海军"宙斯盾"战舰的战情中心 CIC 双屏软件界面

1. 图形 / 图标及其视觉设计

图标是用来向用户传达各种信息的图像，人在感知图形和符号信息时，辨认的信号和辨认的客体有形象上的直接联系，其信息接收的速度远远高于抽象信号，可以帮助用户更好地理解内容。但是，单纯的图形表达也存在缺点，例如只使用图标很难传递准确的信息，即便是人们经常使用的软件的工具栏，其中有些图标按钮也会使用户感到困惑，且无法传递详细的信息。因此，一般情况下，图标还需要文字信息的辅助。由于图形和符号具有形、意、色等多种视觉刺激因素，传递的信息大，抗干扰能力强，易于接受，因此交互界面的图形和符号设计具有重要意义。

（1）新设计不一定是好设计

有时人的长期记忆过于牢固，反而引起了一些不合时宜的旧行为。打破固有的习惯是很难的，这需要相当一段适应期，尤其是具有针对性强、罕见、语义复杂等特性的特殊性图标，这类图标需要作业人员进行专业的学习、记忆与适应。在适应期间，很可能会大幅降低作业效率并引发操作失误，从而得不偿失。因此，界面设计应遵循一致性原则，新的界面设计依旧保留原本的一些形式，使得用户先前的操作习惯能够得到正向迁移。例如，针对"宙斯盾"系统界面的图标，美军也尝试寻找更形象的方式来表示目标的类型，甚至尝试过 3D 标志。但最终还是沿用了美军标 MIL-STD-2525D 中的图形及符号设计，如图 4-5 所示的静态作战图标的图形设计。因为它与以前操作习惯保持了较好的一致性，可以有效地减少人为错误。

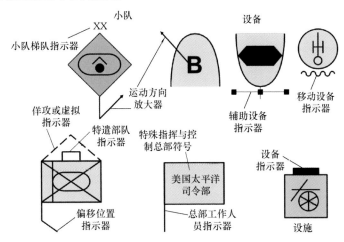

▲ 图 4-5 美军标 MIL-STD-2525D 静态作战图标的图形设计

（2）炫技未必好用

通常视觉信息通过 3D 显示相比 2D 显示能够呈现更多的信息量，界面效果也更加逼真，而且与我们的 3D 现实世界更加一致。因此，美军曾花费了多年时间用以研究人机界面的 3D 立体显示，但是通过大量理论分析和原型测试，美军最终还是放弃了 3D 显示，仍然采用了传统的俯视图和侧视图的 2D 显示方式。这是因为无论视觉显示器还是人眼视网膜，本质上依旧是二维成像系统。如果采用 3D 显示界面，操作人员需要来回拖动界面以更换观察视角，这在分秒必争的防空作战中是不允许的。如果采用一些伪 3D 显示（即 3D 图标，但不允许视角转换），就会引发视觉混淆，即使通过增添高度线、阴影、速度矢量线来辅助认读，如图 4-6 所示，也只会使得界面视图复杂凌乱，难以满足界面设计的易读性与可辨别性的要求。因此，最佳的图形或图标显示应与人的感官系统相匹配，且避免绝对判断的局限性，例如当图形或符号的颜色、大小等感觉信号过于繁杂，超过一

▲ 图 4-6 美军在"宙斯盾"系统中尝试应用的 3D 立体显示

定水平后，往往会提升作业任务的复杂性，降低作业绩效。

2. 多目标信息呈现——简练明了还是充实详细？

列表框是向用户提供功能、信息或参数的选项列表。通过对信息进行类别划分，从而以行或列的形式依次呈现，这针对大量复杂信息呈现是十分有效的，通常是界面设计师的首选。当列表框中的信息选项超过列表框的高度和长度时，还可以通过在列表框右侧或下方添加滚动条的形式来拖动列表，实现更多信息的浏览和查阅。

在"宙斯盾"系统的界面中对于批量信息的呈现却并非如此，而是选用了多个矩形块来简要地呈现主要信息。例如图 4-7 所示"宙斯盾"系统界面核心简要信息块中所选中的矩阵框，从上至下依次显示了：目标批号 7037，黄底色表示"威胁"，类型为"超美洲豹"，Helo 表

▲ 图 4-7 "宙斯盾"系统界面核心简要信息块

示直升机，方位 161°、距离 27 海里（n mile，1 n mile = 1 852 m），箭头表示正在远离本舰平飞、高度 3 000 m，电子战特征，未进行 IFF（Identification Friend or Foe）敌我识别以及信息按钮提示，有该目标的新提示会亮起，按下去按钮会在弹出窗口显示最新提示。当作业人员想要进一步查询细节信息，则通过查询右边详细列表即可，如图 4-8 所示。这种形式的界面设计遵循了访问信息消耗最低原则，当我们从大量的信息列表中查询特定目标信息时，必然会消耗时间和精力，而简约的主要信息呈现则大大节省了获取信息的时间与精力，提升了作业绩效，这就是美军所谓的"精确详细的，不如模糊但直观的"界面设计理念。

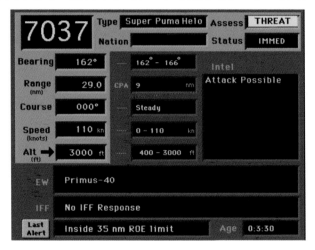

▲ 图 4-8 "宙斯盾"系统界面详细信息界面

3. 优化布局提升作业绩效

在复杂信息系统中，通常包含一种以上的作业任务，任务信息结构复杂、信息量大，呈现形式不协调，往往会给使用者带来较大的认知负荷。通过对复杂信息系统中信息结构的分析梳理使其在界面上合理呈现，即良好的布局形式，是帮助用户有效获取信息的一种手段。这有利于同时对两种或两种以上的信息进行平行加工，从而形成合理的注意分配，在保障作业绩效的同时也能带来良好的视觉效果。

我们通常会从信息类别和呈现方式的角度出发，对软件视觉界面进行布局，采用接近相同原则，当一项任务包含两种或两种以上的信息显示时，对这些信息进行心理整合，依据传递信息的类型和多种信息间的相关程度对界面进行布局设计，以此来缩短操作者搜索信息的时间和理解信息的时间。因此，一个优秀的界面设计方案应当使两种或多种信息的显示设计在空间上接近，这样才能降低信息访问的消耗。

例如美军"宙斯盾"系统中基于预案的随距离远近自动交战界面，如图 4-9 所示，就布局在侧视图的正下方，并以甘特图的形式呈现，具有图形化概要的直观明了、简单易懂及技术通用等优点。一根白色辅助线贯穿了上方的侧视图和下方甘特图，甘特图的横坐标是目标与本舰的距离，而甘特图中条状图则表明了不同情况下可能采取的各项软硬对抗措施。随着目标距离的接近，梯次采取各种应对，例如，从距离 80 海里至 40 海里范围：空间确认；从距离 80 海里至 45 海里范围：第 1 次告警；从距离 75 海里至 0 海里范围："密集阵"近防炮启动 / 防空系统戒备；从距离 60 海里至 30 海里范围：第 2 次告警；从距离 58 海里至 30 海里范围：人员隐蔽警报；从距离 55 海里至 10 海里范围：电子战启动；从距离 56 海里至 22 海里范围：第 3 次告警；从距离 55 海里至 20 海里范围：照射器跟踪；从距离 40 海里至 0 海里范围：防

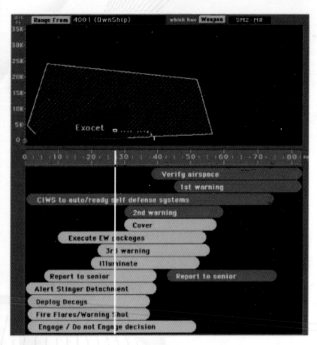

▲　图 4-9　基于预案的自动交战界面

空导弹准备；从距离 38 海里至 0 海里范围：释放诱饵；从距离 38 海里至 0 海里范围：曳光弹射击 / 警告射击；从距离 50 海里至 0 海里范围：开火或不开火决策。通过这样的布局设计，作战人员可以根据当前距离，第一时间明确系统要采取的措施，并结合当前情境做出决策。

4. 交互设计辅助决策

人类并不擅长预测未来，在进行预测时，需要考虑目前所具备的条件以及未来可能具备的条件，然后"运行"心理模型从已知推测未知。当作业人员的心理资源被其他任务消耗掉后，便会处于一种反应状态而并非前摄状态，只能对已发生的事情做出反应，而无法对未知事情做出预测。但是如果一个显示界面能够明确告诉作业者会（或者可能会）发生什么，就能为正确作业提供有效支持，这就是界面设计的预测辅助原则。

人机界面交互作为人与系统间互动的一种机制，可以被认为是在某种环境下的人机对话。复杂信息系统界面交互设计的目的是使人与系统之间信息交换方式更科学、合理、人性化，通过构建出符合操作者生理模型和心智模型的互动机制，使得人与物之间的信息传递更加可靠、从而减轻人的生理与心理负担。面对复杂信息系统的界面信息量庞大、内容结构错综复杂、需要实时性交互等特点，其界面交互设计应化繁为简，使用户能够在海量的信息中快速找到有用的信息并及时做出正确的反应，提高交互的直观性，减轻用户的认知负荷，提升系统人机交互的效率。

本章开头所述的两个民航客机遭误击案例就直接反映出"敌我识别"是防空作战中的一个难点。在作战隐身技术飞速发展的当下，雷达探测仅能解决"有没有"的问题，而"是不是"的敌我识别问题则较难保障，因为绝大部分情况下，除了装有敌我应答器的"自己人"能被直接标识为"我"，其他目标被雷达探测后很难识别敌我状态，会呈现满屏的"不明"，从而影响作战人员的决策。美军"宙斯盾"系统通过良好的交互设计，在呈现系统自动敌我识别结果的同时，还显示了正反判据，如图4-10所示，批号为 7037 的目标被系统自动识别为"威胁（THREAT）"，同时给出了三方面系统判据：A. 正方判据，例如平台 ID 可疑，没有 IFF 应答，来自敌人空军基地，来自敌方领空，正在接近我们，可能携带武器；B. 反方判据，例如距离尚远其武器还够不着我舰；C. 有关假设，例如可能是为敌人做目标指示的，可能携带武器，可能 IFF 识别器关闭。基于以上三方面信息，系统自动判别目标属性为"威胁"，但上述判据的显示可以让操作人员做更进一步判断，并可以直接通过"非威胁"、"不明"两个按钮，改变目标的敌我属性，从而直接影响后面的交战过程。

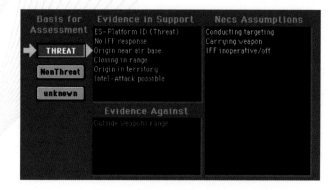

▲　图 4-10　系统自动敌我识别结果及判据

美军"宙斯盾"系统通过这样的界面改进，在不用改动任何传感器、武器、计算机硬件的情况下，单凭软件设计优化，可以将人的认知和决策时间缩短 4 s。这相当于对来袭超音速反舰导弹的拦截半径外延了 3.4 km，或者相当于 MK 41 垂直发射系统多打出去 8 枚导弹，与提升雷达或者导弹性能相比，界面改进带来的作战能力提升具有极高的性价比。

4.1.3　复杂系统界面设计的思考——生态界面设计

在智能时代背景下，计算机技术日益广泛地融入各个领域，随着高速处理芯片、计算机图形技术和多媒体技术的迅速发展，使用高清晰大屏幕的综合显示设备和触敏式控制界面取代传统的机械式界面已成为新一代复杂系统设计的必然趋势。具有灵活数据综合和图形显示能力的数字化显控技术一方面为优化人机界面和人机交互提供了条件，但另一方面如果对界面的信息内容、信息组织和显示方式的设计不合理，新技术的引入则可能导致系统难以学习或使用，从而增加用户额外的工作负荷，极端情况下将会导致灾难性的错误（例如对于自动化的困惑导致的人员操作错误并引发毁灭性的事故）。而认知系统工程（Cognitive Systems Engineering，CSE）为以人为中心的系统设计和开发提供了一种原则性方法，通过正确理解用户的特征并综合考虑工作环境中人员操作的特征来防止这些设计错误。

目前有很多认知系统工程的方法，例如生态界面设计（Ecological Interface Design，EID）、认知工作分析、情景意识设计等，其中 EID 是目前复杂系统人机交互界面设计中常用的一种方法。一般复杂系统的人机界面需要解决三个根本问题：①确定界面信息的内容，分析哪些系统参数和数据是保证任务完成的约束条件；②确定界面信息结构作为组织界面信息的基础；③用视觉化、图形化的界面显示表征系统信息的语义化结构，使作业者更容易正确理解系统的状态和工作机制。EID 方法为解决以上问题提供了很好的思路和设计原则，它一方面采用抽象层级（Abstract Hierarchy，AH）分析人机界面所代表的工作领域，以此明确界面设计的信息内容和结构，另一方面，它基于 Rasmussen 等的认知 - 控制理论解释界面操作者认知的规律，以此提出界面信息图形化、可视化设计的原则。

表 4-1 给出了 AH 的结构和内容，其中的每一层都从不同角度界定了实现系统目标的约束条件，同时上下相邻层级的条件变量以目的 - 手段的关系相互联系。该关联可以看作"How-What-Why"三元组，假设与目的相关的功能 A 是正在分析的对象，即是什么（What？），与目

的相关的功能 A 与和对象相关的过程 B 和 C 之间的关系表明了手段或者 A 如何（How？）被工程化或实现，与目的相关的功能 A 与价值和优先考虑 D 之间的关系说明了目的或者为什么（Why？）A 出现在工作系统中。应用抽象层级的方式组织界面信息，操作者就能以任务目标为导向，从不同的抽象层级对系统进行观察和控制。尤其当系统遇到异常情况时，操作者可以快速将关注焦点转移到问题所在并判断该状况的原因及其后果，从而更好地支持对不可预知事件的处理。

表 4-1　AH 信息内容与组织关系表

抽象层次	各层次内容	各层级间的信息组织关系
功能性目标	系统的预设用途，即系统正常运行后能够实现的功能目标	为什么（目的）"价值和优先考虑D"
抽象功能	系统实现其功能性目标背后的原因和工作原理	什么（状态）"功能A" ——→ 为什么
一般功能	为了满足抽象功能，系统必须实现的各种一般性的功能	怎样（完成的变化）"过程B" ——→ 什么 —— 为什么
物理性功能	为了实现各个一般性功能所需要的物理设备及其各自的物理功能	怎样 —— 什么 "过程C"
物理形式	保证设备实现其物理功能的物质形态和空间位置	怎样

　　Rasmussen 等的认知—控制理论认为，人机界面所提供的不同质的信息将激发三种不同的交互行为（SRK）：基于技能的行为（Skill-Based Behavior，SBB）、基于规则的行为（Rule-Based Behavior，RBB）和基于知识的行为（Knowledge-Based Behavior，KBB）。如果操作者经训练熟练掌握了某些信号—动作循环，当这些时空信号信息出现，他就会条件反射地采取 SBB 操作；如果操作者事先熟悉并理解与某些系统规则——对应的标识信息，当这些标识信息出现时他就会依照一定规则（例如按照他人的指令或是按照规律和经验）进行 RBB 操作。当遇到

不熟悉的系统信息时，操作者会将这些信息作为具有内在联系和一定意义的符号接纳并采取 KBB 操作，对系统状况作更高水平的思考和判断，制订相应的操作方案并估量行动后果。

把以抽象层级分析和认知—控制理论为基础的生态界面设计方法运用于复杂系统人机界面设计具有两点优势：第一，复杂系统人机界面是专业性界面，对通用设计的要求不高，操作者会接受特定的训练以获得较高的技能和经验，例如飞机驾驶，并有条件熟悉系统环境中的大部分事件，因而复杂系统界面设计要尽可能将复杂的操作过程简化为操作者熟悉的、依靠感知 - 控制完成作业任务的操作。第二，在复杂的运行环境中可能遇到设计师和操作者都不曾预料的事件，因而人机界面也必须帮助操作者在面对不熟悉事件时进行多层次的分析思考，减少错误的决策和操作。

生态界面设计（Ecological Interface Design，EID）起源于丹麦 Risø 国家实验室的 Jens Rasmussen 和 Kim J.Vicente 两位学者应用控制工程理论对于认知系统工程领域的探索，EID 的主要作用是帮助操作者适应变化的环境和新的事物，以提高问题解决的绩效。自 20 世纪 90 年代以来，越来越多的系统设计人员开始关注生态界面设计，目前它已经被广泛应用于医疗、网络管理、航空、军事等领域中，这些领域中的系统具有这样的共同特点：复杂性、动态不确定性以及需要为操作者提供意外情况的支持。

由于生态界面设计提供的是工作对象的分析框架，因此从设计需求到具体的界面实现仍需要一个启发式的过程，按照界面设计的一般性流程以及 EID 的特点，对于实际工程项目中的复杂系统开展生态界面设计，流程如图 4-11 所示。首先对设计对象进行目标定义，并组织设计团队；第二步，构建人机系统如何进行工作的模型即工作域模型，通过确定各层的抽象化概念，建立概念之间的目的手段关系，这是一个反复迭代的过程；第三步，启发设计概念并分析相关的变量，变量如何获得，如何展现变量之间的抽象层次关系；第四步，变量的可视化过程，选择合理的可视化方法对变量进行设计表征；最后考虑 SRK 原则是否在设计中体现，对设计进行修正。

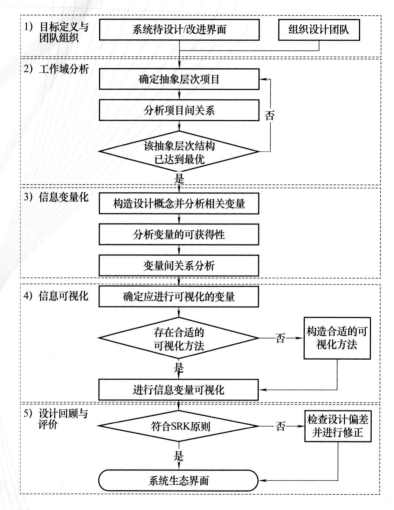

▲ 图 4-11 生态界面设计流程

生态界面设计由于其考虑了针对不同类型信息（基于技能、基于规则、基于知识）的处理策略，并获得不同抽象层次之间的结构化目的 -

手段关系，使得操作者能够更好地解读与理解所获取的信息。

这里我们以美军旅及旅以下战斗指挥系统（Force XXI Battle Command Brigade and Below，FBCB2）为例，该系统主要用于美国陆军旅以下战斗部队中，利用嵌入式 GPS 导航定位设备和通信系统向旅及旅以下战术指挥层提供实时和近实时的作战指挥信息、态势感知信息和友军位置信息。FBCB2 属于最底层的指控系统，是一线指挥官、士官直接运用的系统，所以这个系统界面设计往往会直接影响到基层士兵及指挥官对当下战情的获取速度以及对战斗意图领会的准确程度，它的设计好坏会直接影响一线战斗部队完成任务的能力。

20 世纪末，美国陆军作战指挥官及作业人员所使用的 FBCB2 界面，如图 4-12 所示，其底层数据信息分散在界面的大量图标和字母数字上。由于执行一项任务需要在多个菜单和显示屏幕中切换，这就容易导致视觉混乱和信息访问的延迟。在战场上，特别是在高压和高负荷的战斗情况下，指挥人员经常被淹没在大量的信息数据中，导致出现一些关键性的错误，从而偏离了最初的任务目标。为了解决此问题，2001 年，来自美国莱特州立大学和美国军事学院工程心理学实验室的多名学者运用 CSE-EID 方法设计并开发了战术作战支援表征辅画界面（Representation Aiding Portrayal of Tactical Operations Resources，RAPTOR），使指挥官和工作人员能够通过有效地分配和使用作战资源来保持积极的控制，以

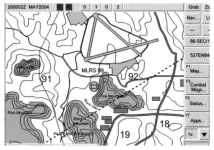

▲ 图 4-12 FBCB2 界面

执行指定任务，并能够辅助决策。

该项目聘用了大量军方相关人员担任了各种角色，其中包括陆军军官、科研人员以及相关领域专家，要求他们在仿真环境下模拟执行陆军任务，对使用 RAPTOR 界面与现有的陆军界面（FBCB2）的作业绩效进行了对比研究。研究结果发现使用 RAPTOR 界面的被试完成任务的时间大约是使用现有 FBCB2 界面的 1/2，准确率则是现有 FBCB2 界面的两倍。

图 4-13 是 RAPTOR 的生态设计界面，由于地形的物理特性（如山脉、河流、峡谷等）会对各种活动（例如坦克途径之处）产生关键性的限制，因此陆军战术行动的陆基性质使得其对空间因素极其重视。在图 4-14 RAPTOR 中战场地形的物理特征由等高线图表示，各种与作战相关的信息如武器包线、屏障、部队位置、同步点和行进路线等也与地形特征一起进行了描绘。

FBCB2 系统中有效战术决策的主要依据之一是监控友军作战资源的当前水平。由于各个作战参数是独立的，各参数值的变化虽然存在联系（例如进攻时的燃料和弹药支出），但并非一定相关（例如防御时的燃料和弹药），因此界面设计采用了独立的图形来表示每个梯队级别的作战资源，而非组合形式，如图 4-15 所示。此外在 RAPTOR 界面设计中还采用了颜色编码，这样能有效支持指挥官在进行巡视、监视或作战时对各个参数总体状态的感知；同时条形柱状图可以为每个作战资源提供较为精确的描述，柱状图右侧的边界标识（例如 25%、50% 等）能够帮助指挥官快速确认当前的资源水平，而左侧数字又为进一步的精确判读提供了方便。RAPTOR 界面中的颜色分类、模拟显示以及字母数字的设计组合为指挥官在战场环境下对所需信息的快速和精确感知提供了有力的支持。

空间同步矩阵显示器

战场地形等高线图

选择作战资源
显示的控制树

正常/查看模式的
控制按钮

用于图形回放
的控制滑块

在等高线图上选择单位
图标的控制按钮

友军战斗资源
显示辅助槽

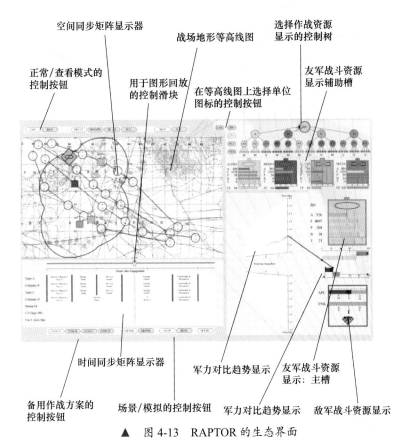

时间同步矩阵显示器

军力对比趋势显示

友军战斗资源
显示：主槽

备用作战方案的
控制按钮

场景/模拟的控制按钮

军力对比趋势显示

敌军战斗资源显示

▲ 图 4-13 RAPTOR 的生态界面

敌军防御工事

军力图标

障碍物

战场地形

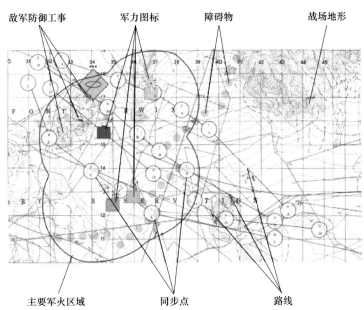

主要军火区域

同步点

路线

▲ 图 4-14 RAPTOR 地形空间特征信息的同步显示

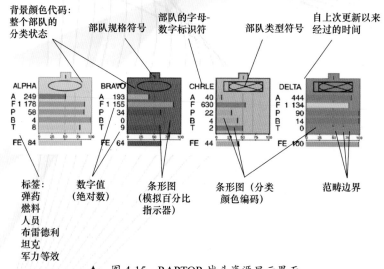

▲ 图 4-15 RAPTOR 战斗资源显示界面

　　通过对 FBCB2 系统工作域的分析还发现，兵力比（即两个敌对部队之间存在的相对战斗力）是规划和执行战术行动首要考虑的因素。因此，其优先级度量在抽象层次结构的这一级别发挥作用，作战成功概率有多大，作战需要消耗的资源是否等价于任务目标价值等问题，均需要通过查看这部分信息来进行决策。

　　图 4-16 为 RAPTOR 兵力比的显示界面，界面右侧两个条形图分别代表了友军（上）和敌军（下）当前的战斗力，友军条形图包含左边的两部分，分别为坦克和步兵战车，即代表当前可用战斗力，右边垂直向上偏移的两部分则代表了战损的坦克和步兵战车；下方敌军的条形图类似，左右两部分分别代表了敌军的剩余战斗力及已损失的战力。界面左侧显示了兵力比随时间变化的实际值和计划值，当前情况下兵力比略大于 3∶1，有利于友军；趋势线之间的空间分离程度能够从视觉上表明实际情况与计划的差异，这种兵力差异的可视可以作为一个预警，提示作战人员需要考虑新的作战规划。

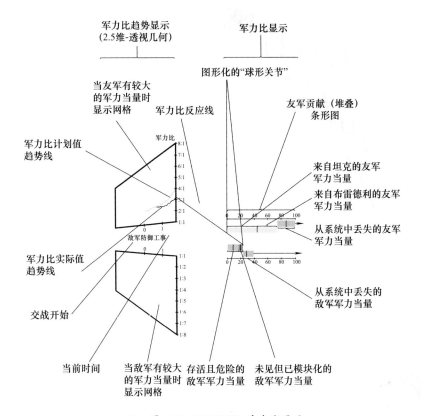

军力比趋势显示
(2.5维-透视几何)

军力比显示

图形化的"球形关节"

当友军有较大
的军力当量时
显示网格

军力比反应线

友军贡献（堆叠）
条形图

军力比计划值
趋势线

军力比

8:1
7:1
6:1
5:1
4:1
3:1
2:1
1:1

来自坦克的友军
军力当量

来自布雷德利的友军
军力当量

从系统中丢失的友军
军力当量

0 20 40 60 80 100

敌军防御工事

0   1

军力比实际值
趋势线

0   1

1:1
1:2
1:3
1:4
1:5
1:6
1:7
1:8

0 20 40 60 80 100

从系统中丢失的
敌军军力当量

交战开始

当前时间

当敌军有较大
的军力当量时
显示网格

存活且危险的
敌军军力当量

未见但已模块化的
敌军军力当量

▲ 图 4-16 RAPTOR 兵力比显示

战场恶劣的环境通常会严重剥夺人的睡眠时间和质量，从而导致极度的身体疲劳。由于作战时的人时刻处于涉及生死存亡的高应激压力环境中，这使得战斗人员有效执行任务的能力大幅度下降。在这种情况下，生态界面设计为帮助他们利用自身的感知 - 行动技能，适应复杂多变的战场环境和层出不穷的突发事件，提高决策判断能力起到了积极的作用，众多学者的研究也证实了 RAPTOR 生态界面在战术行动中能为军事指挥和控制提供有效的决策支持。

4.2 战场上 "散步的毛驴"

在 2011 年英国《每日电讯报》上刊登的一则陆军评论指出，在阿富汗战场，美军单兵野战负重为 44~61 kg，而英军的人均负重为 56 kg，"这意味着士兵通常要携带相当于自重 50% 的装备和物资打仗，极大地降低了战斗力"。过高的单兵负重一方面会因疲劳性损伤导致非战斗减员；另一方面会影响士兵的战斗灵活性和机动能力。据曾赴阿富汗参战的英军军官回忆，每次离开基地野战时，士兵都要背负沉重的装备（图 4-17），行动灵活性比轻装的塔利班人员"慢了至少两倍"，塔利班人员甚至嘲讽英军是一群"散步的毛驴"。他还补充道，在四小时的例行巡逻结束时，士兵们由于身心疲惫而难以做出基本的战术判断，每次巡逻任务的后半程，都是最危险的时段，因为即使遇敌，也很难发起有效攻击。

▲ 图 4-17 在阿富汗负重作战的英军

负重能力是军人的一个核心能力，可有效提高其生存能力和作战能力。军人需要在负重的情况下，高标准完成各种军事作业任务。据史料记载，2 000 多年前就有军队进行负重军事活动，并对作战能力产生了很大的影响。公元前 800 年左右，美索不达米亚的亚述帝国军人负重量过大，极大地影响了军队的移动能力，因此他们通过不断减轻盾牌的重量以减少单兵负重。我国宋朝时期军人负重量也较大，据《宋史》记载，"得旨，依御降式造甲……乞以新式甲叶分两轻重通融，全装共四十五斤至五十斤止"。算上兵器重量，宋朝的甲胄步兵平均作战负重约为 32 kg，在行军时，甲胄通常由牲畜运送，以提高行军速度。热兵器时代，单兵负重产生的影响甚至改变了战场上战术的运用。在第一次世界大战康布雷战役中，军人持续大负重行军引起体力下降，平均每天减少行进 9~12 km，诺曼底登陆战时，联军的负重超过了自身体重的 41.5%~62.5%，使得作战行动受到很大限制，很多军人沉入海水或陷入沙滩而被敌军击杀。Nindl 等的研究表明，在美国历次战争中（内战、一战、二战、越战、"沙漠盾牌"行动、"沙漠风暴"行动和伊拉克自由行动等），单兵负重量呈线性增加，其主要目的是提高单兵的作战能力和生存率。例如，武器和通信系统功能的不断提高以及防弹背心的使用，使得现代军人实际负重量急剧上升。

Knapik 等的研究发现，下肢（膝盖、小腿、脚踝和脚）是军人在负重时最容易发生损伤的部位。美军《健康状况报告》也指出：下肢不仅是最容易出现损伤的部位，而且损伤后会造成军人缺勤缺岗，影响日常工作和训练。腰背部的损伤率仅次于下肢，研究发现，腰背部损伤患者超过半数无法完成整个行军，原因是负重对脊柱产生了生物力学的影响，使得躯干向前倾斜，腰椎的压力和剪切力增加，从而改变了胸腔骨盆系统运动的节奏，增加了脊椎的扭矩。美国陆军统计，从阿富汗撤回的伤员中，1/3 是因肌肉骨骼损伤、韧带损伤和脊椎损伤所致，是作战负伤人数的两倍。2003—2009 年，因肌肉和骨骼损伤而退役的美军士兵增加了 10 倍，每年治疗开支超过 5 亿美元。

有人说士兵的战斗能力是在到达集结地域放下背包后才开始释放，如何让士兵在行军途中保持良好的体力，减轻疲劳带来的心理和生理的非战斗损耗，已经成为各国国防部门最为关心的问题之一，这其中就涉及了人因工程学中的体力负荷和累积损伤。

4.2.1　保持体力控制体能消耗

徒步行军是部队作战、训练的重要手段，士兵在行军中，需要根据战备规定、作战任务需求、作战时间长短、作战地区环境和气候、行军机动速度、作战季节、生存需要等情况携行一定重量的负荷。美军陆军曾对 2003 年阿富汗战争中美军单兵负重进行了一次深入的研究，目的是为陆军装备研发和配备提供参考，在其野战手册中对战斗、行军、应急行军等不同情况的作战负重进行了建议，例如：行军负重主要包括服装、武器、1 个基数弹药、战斗背心、小型战术背包或轻型帆布背包或雨被卷，不超过 32.7 kg。

如何确定合适的单兵作战负重就是一个涉及体力工作负荷的人因问题，体力工作负荷是指人体单位时间内承受的体力工作量的大小。工作量越大，人体承受的体力工作负荷强度越大。人体的工作能力是有一定限度的，超过这一限度，作业效率就会明显下降，同时其生理和心理状态也会出现十分明显的变化，严重时会使作业者处于高度应激状态，导致事故发生，造成人员损伤。对作业者承受的体力负荷状况进行准确评定，既能保证工作量，又能防止其在最佳工作负荷水平外超负荷工作，是人机系统设计的一项重要内容。

体力作业时，人的各种身心效应随活动强度的变化和活动时间的长短显示出规律性的变化。人体由休息状态转为活动状态的初期，兴奋水平逐渐上升，生理上表现为心率加快、血压增高、呼吸加剧，人体内各种化学酶和激素的活性或数量增加。体力作业强度越大，这种变化的幅度也就越大，同时随着活动时间的持续，人体内许多代谢产物逐渐积累起来，导致内环境发生改变。例如，乳酸的积累使得体内环境酸化，pH 值下降，因此可运用上述生理指标和生化指标的变化测定人体工作负荷水平。除此之外，主观感觉也是一种有效测定体力工作负荷的方法。

体力作业能力指的是体力作业期间个人的最大产能率，是工作时间的函数。个体在数分钟内可以达到的最大能耗率称为短时机体的最大工作能力（Maximum Physical Work Capacity，MPWC）或有氧上限（aerobic capacity）。图 4-18 显示了一位具有 190 次 /min 的最大心率和动态作业的 MPWC 大约 16 kcal/min 的健康个体的能耗率和心率。图中 MPWC 在静态肌肉作业期间显著地减少，这是由于受限血流流向肌肉而造成了无氧代谢。

短时 MPWC 也可以描述为一个人的最大有氧能力，一般认为心脏、肺的最大容量以及将氧传递给肌肉的能力决定了 MPWC 值。在体力作业中，心率和耗氧随着工作负荷的增加而增加，但它们不能无止境地增加，当工作负荷进一步增加时，心脏无法跳得更快，且

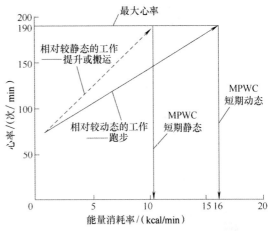

▲ 图 4-18 静态和动态作业中心率和能耗的关系

心血管系统无法以更快的速度供氧来满足增长的能量需求，对氧气需求的极限就会来临。此时，个体就达到了他的有氧能力极限。图 4-19 所示为通过心率、呼吸测试最大作业能力。

有氧极限存在着显著的个体差异，年龄、性别、健康和适应性水平、训练和遗传因素都会影响一个人的有氧极限。根据美国国家职业安全卫生研究所（National Institute for Occupational Safety and Health，NIOSH）于 1981 年公布的数据，普通成年男性和女性的有氧极限分别为 15 kcal/min 和 10.5 kcal/min。

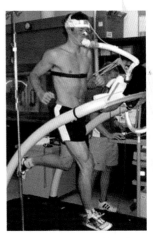

▲ 图 4-19 通过心率、呼吸测试最大作业能力

体力作业能力随着作业时间的增长迅速下降。图 4-20 给出了 MPWC 水平由短期向长期的下降过程。针对工作中的体能设计，NIOSH 建议 8 h 工作日中体力负荷不应超过一个人最大有氧能力即 MPWC 的 33%，这意味着在 8 h 工作日中，男性的平均能量消耗应低于 5 kcal/min，女性应低于 3.5 kcal/min。对于偶尔实施的动态作业（在 8 h 工作制情况下为 1 h 或更短时间），NIOSH 所推荐的能耗限制相应为男性不超过 9 kcal/min，女性不超过 6.5 kcal/min。

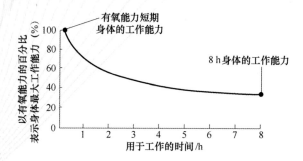

▲ 图 4-20 NIOSH 给出的工作时长与 MPWC 的关系曲线

士兵不同于常人，他们是一类特殊群体，在确定单兵行军负重时，往往需要有针对性地进行实验研究。图 4-21 显示了英军的实验研究中，在 20 kg 到 50 kg 的不同负荷下各行军速度带来的能量消耗。如果以在平坦的坚硬表面上负重 20 kg 行走速度 3 km/h 作为基准，将重量增加到 30 kg 会导致能量需求增加 12%，如果重量增加到 50 kg，能耗则会增加约 50%。良好的体能训练能提高人的最大有氧能力，降低心率，并

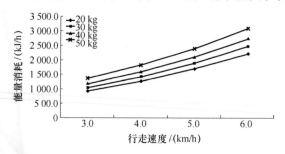

▲ 图 4-21 不同负重和行走速度下的能量消耗

能增加肌肉的力量和耐力，对士兵进行专门训练可以提高其负重能力。

长时间的行军负重还会诱发体力疲劳。体力疲劳是指作业者在作业过程中出现的作业机能衰退、作业能力下降，有时伴有疲倦感等自觉症状的现象出现。高强度作业或长时间持续作业，容易引起人的疲劳和工作能力下降，如出现肌肉及关节酸疼、疲乏、不愿动、头晕、头痛、注意力涣散、视觉不能追踪、工作效率降低等症状。

体力疲劳是随作业过程的推进逐渐产生和发展的，按照疲劳的积累状况，作业过程一般分为"工作适应期""最佳工作期""疲劳期""疲劳过度积累期"四个阶段。疲劳的积累过程可用"容器"模型来表述，如图 4-22 所示，把作业者的疲劳看作是容器内的液体，液面水平越高，表示疲劳程度越大。容器向外倾倒相当于人在疲劳后的休息——如果没有倒出疲劳，液面水平将持续上升，最终溢出容器。随着时间延续，疲劳程度不断地加大，犹如各疲劳源向容器内不断地注入液体一样。容器大小类似于人体的活动极限，非主动的"溢出"意味着疲劳程度超出人体极限，会给人体造成严重危害，只有适时地进行休息，人体疲劳的积累才不至于对身体构成危害。

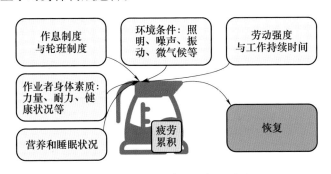

▲ 图 4-22 疲劳积累容器模型

体力疲劳的产生与消除是人体的正常生理过程。作业产生疲劳和休息恢复体力，这两者多次交替重复，使人体的机能和适应能力日趋完善，作业能力不断提高。疲劳具有这样几个特点：疲劳可以通过休息恢复；疲劳有累积效应；疲劳程度与生理周期有关；人对疲劳有一定的适应能力。

如果作业的能量需要超出一个人最大有氧能力的 30% 到 40%，那么这个人很可能在 8 小时工作期间或结束时有全身疲劳的感觉，如果能量消耗超过有氧能力的 50% 的话，他肯定会感到疲劳。主观症状和生理症状都可以作为疲劳的指标，疲劳的人也许会感到轻微疲倦、倦怠甚至筋疲力尽，并表现出肌肉无力或维持觉醒状态的困难，此外还可能存在血液中乳酸积聚和血糖下降的情况，长时间的全身疲劳可能会导致心理问题甚至增加诸如心脏病发作等健康风险。

在人因工程学中有许多改善疲劳的方法，例如改善工作环境、调整休息间隔时间等，但是对于作战负重来说，由于战场情况千变万化，士兵们在战场上需要用到的装备和物资会越来越多，除了加强对士兵有针对性的体能训练来增强抗疲劳能力以外，较为有效的方法是设计辅助行军工具来延缓疲劳降低体能消耗。近年来，美国、俄罗斯、法国等陆续启动了多个军用外骨骼系统项目，以增强士兵的负载和作战能力，同时维持士兵良好的体力。

例如 2019 年洛克希德·马丁公司研发了一款 ONYX 单兵外骨骼系统如图 4-23 所示，并交付美军第 10 山地师进行野外测试，在测试中这套系统能有效地减少士兵在奔跑时肌肉消耗的能量，加快士兵完成战术动作的速度，大幅度提升了单兵的体能和作战能力。另外，美国国防高级研究计划局（Defense Advanced Research Projects Agency，简称 DARPA）资助研制了一种重量轻、柔韧性好的内穿型作战服"勇士织衣"，如图 4-24 所示，它更像是人体肌肉、关节的感应"增强器"，能有效提高人体机能，使士兵能够背负重物进行长时间行军。其在不充电情况下可以持续工作 24 h，士兵背负 45 kg 重物、以 4.5 km/h 的速度在平地上行走时，可以减少 25% 的代谢消耗。

▲ 图 4-23 ONYX 单兵外骨骼系统

▲ 图 4-24 DARPA 研制的
"勇士织衣"

4.2.2 预防损伤防止积劳成疾

除了体力负荷过载会导致士兵身心受到伤害以外，过高的单兵负重也会造成疲劳性肌肉骨骼损伤。英军的研究表明，长期超负荷背负作业将不可避免地导致肌肉骨骼和软组织损伤，这些损伤基本都是在应对大负荷作业过程中一次次微小损伤的基础上积累而来的，比如疲劳性骨折、膝关节损伤、肌肉和软组织疼痛、脊椎损伤等。

人体的运动系统主要由骨骼、关节和肌肉三大部分组成，在神经系统的调节和各系统的配合下，对身体起着保护、支持和运动的作用。肌肉收缩所产生的力作用于骨骼，然后再通过人体结构（如手、脚等）作用于其他物体，这一过程称为肌肉施力。肌肉施力分为静态肌肉施力和动态肌肉施力两种方式。

静态肌肉施力是依靠肌肉等长收缩所产生的静态力量。能较长时间地维持身体的某种姿势，致使肌肉相应地做较长时间的收缩，称为静态作业。动态肌肉施力是对物体交替进行施力与放松，使肌肉有节奏地收缩与舒张，称为动态作业。在其他操作条件基本相同的情况下，静态作业与动态作业相比，会产生更高的能耗、心率和血压，需要更长的恢复时间。静态、动态肌肉施力特点比较见表 4-2。

表4-2　静态、动态肌肉施力特点比较

项　　目	静态肌肉施力	动态肌肉施力
肌肉血管状态	持续收缩肌肉，压迫血管	有节奏收缩与舒张肌肉
局部血液状态	血液循环不畅	血液的大量流动
供氧与代谢产物	供氧不足，代谢产物堆积	供氧充足，代谢顺畅
疲劳与恢复	易疲劳，持续时间受限	在合理的节律下不易疲劳
典型场景	踩踏油门	掌控方向盘

人的力量取决于许多因素，包括性别、年龄、作用时间、作用的静态与动态性、人体姿态、训练、动机等。一般来说女性的力量是男性的65%~70%，成年人产生的最大力量随着年龄增长而减少（在25岁以后，每10年平均降低5%~10%），肌肉在收缩过程中产生力量，最大的力量在肌肉收缩开始后4 s产生。

人可以连续施加力的时间会随施加力量的降低而增加，在最大可能收缩力量数值的15%~20%位置处，人体能够保持长期施力，持续时间曲线取决于个体差异、肌肉部位、工作条件、施力速度、两次施力之间的休息时间以及训练等因素。

与肢体运动相关的大部分身体部位都涉及一种"第三类杠杆系统"，其中的支点在杠杆的一端，外部负载在杠杆的另一端，激发力量（来自肌肉）作用在它们之间，且一般靠近支点，与外部负载相比，这种杠杆布置需要肌肉施加较大的力量。

如图4-25所示，上臂肱二头肌使前臂保持在水平位置上，且用肘关节作为支点，通过计算绕肘关节点的力矩，得出手中抓起重物时肌肉所需要的力的大小。我们假设手握10 N负荷，且距离为36 cm（从手中载荷位置到肘关节点距离），手前臂的重心约距离肘关节点17 cm，且手臂重量是16 N。顺时针方向绕肘关节点力矩为 $(10 \times 36 + 16 \times 17) = 632$（N·cm）。假设牵引前臂的肌肉距肘关节点5 cm，那么肌肉力量等于 632/5=126.4（N）。因此，在这种情况下手提起 10 N 的负荷且处于平衡状态，肌肉受到的反作用力将是负载的 12.6 倍。

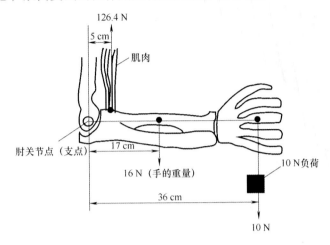

▲　图 4-25　手握 10 N 时向上力杠杆及力量分配

静态肌肉施力时，向肌肉供血受阻的程度与肌肉收缩产生的力成正比。即静态施力越大，肌肉内压力越大，血液向肌肉流动所受的阻力也越大。因此，肌肉施力的大小 F 与其最大肌力 F_{max} 的比值 P 决定了肌肉如何发挥其机能，最终形成图 4-26 所示的耐疲劳曲线，它显示了 P 值对最大持续时间 T_{max} 的影响。

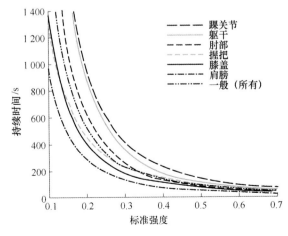

▲　图 4-26　身体各部位的静态施力持续时间与输出比例 P

当 P 趋近于 1.0 时，肌肉在接近于其最大肌力的极限状态下工作。此时，向肌肉的供血几乎完全中断，因此肌肉用极限力量工作只能持续几秒钟；当 P 为 0.5 时，肌肉发挥出其最大肌力的一半，此时，肌肉最长忍耐时间约为 1 min；而当 P 为 0.15，即肌肉施力大小为最大肌力的 0.15 时，血液循环基本正常，可以维持长时间持续工作，直至出现厌烦、枯燥等其他情绪。因此，得出一个重要的设计准则：在长时间工作的情况下，作业者的肌肉负荷不能超过其最大肌力的 0.15，这就是 Rohmert 经验法则。

静态肌肉施力一方面加速肌肉疲劳过程，引起肌肉酸痛，另一方面长期受静态肌肉施力的影响，酸痛还会由肌肉扩散到腱、关节和其他组织，并损伤这些组织，形成累积损伤疾病。职业性肌肉骨骼损伤（Workrelated Musculoskeletal Disorders，WMSDs）是指由于不断重复使用身体某部位而导致的肌肉、骨骼的疾病。其症状可表现为手指、手腕、前臂、大臂、肩部、颈部、腰部、背部等处的肌肉、神经、腱、韧带、关节、软骨、血管以及椎间盘等组织的损伤，也可表现为关节发炎、肌肉酸痛、背部疼痛或不适等症状。"肌肉骨骼损伤"是由于长期不断对身体某一部位施加压力造成的，而且这种累积是建立在每次的压力都会对相关的软组织或关节产生一定的损耗（即损伤）的基础上。美国劳工部职业安全与健康管理局（Occupational Safety and Health Administration，OSHA）在 2010 年的一篇报告显示，职业性肌肉骨骼损伤已经成为美国最广泛存在的职业健康危害，每年有将近 200 万美国员工遭受职业性肌肉骨骼损伤，从而导致约 60 万个损失工时。每 3 美元的劳工赔偿中就有 1 美元是由于人因工效学防护不足引起的，每年因肌肉骨骼疾病导致的直接费用在 150 亿~200 亿美元之间，总费用可达 450 亿~540 亿美元。

不同的作业会导致不同表现形式的累积损伤，虽然损伤的表现形式各不相同，但各种累积损伤都与受力、重复、姿势与休息密切相关。累积疲劳损伤的原因与对策分析见表 4-3。

表 4-3　累积疲劳损伤的原因与对策分析

项目	原　因	对　策
受力	挤压导致的不舒适状态、拉伤	依据人体施力和工作的特点，考虑作业姿势的合理性、避免过度重复作业和提供充足的休息时间
重复	高速收缩导致出力变小，变相增加施力大小	
姿势	非正常位置导致的机械压力	
休息	压缩恢复时间	

　　在工程和设计中预防累积损伤疾病最直接、有效的方法是进行干预和控制。一方面通过分析具体作业和作业场景，找出作业过程和作业环境中不安全、不合理的因素，并据此改变其现有的作业内容和方式，设计或选择适当的辅助工具、人机操作界面，或者重新设计工作场所，使得作业要求低于人的极限能力，让人可以保持合理的用力和姿势，并能及时地恢复体能，消除肌肉骨骼的紧张状态，从而使相关的人因危险被控制在比较安全的范围内。另一方面通过建立符合人因工程的标准作业规定和程序，制订工作休息时间表、工作轮调、对员工进行职业培训等来减少人员暴露于肌肉骨骼伤害危险的机会。

　　在上述的改善方法中，重新设计或选择适当的辅助工具、人机操作界面或重新设计工作场所是主要改善方式，而管理手段只能作为暂时性方法，只有在前一种方法不可行时才以行政管理作为防护手段。

　　针对过高的单兵负重造成的疲劳性肌肉骨骼损伤风险，最有效的方法仍然是设计和研发合适的辅助载重装具。2011 年法国武器装备总署研制了一款名为"大力神"（Hercule）的协同可穿戴式外骨骼，旨在使穿戴者能够轻松携带重物。它主要由机械腿（结合有机械装置、计算机和电子装置）和背部支撑架组成，使穿戴者能够轻松背负 100 kg 重物，如图 4-27 所示。2015 年德国一家工程研究机构也

▲　图 4-27　法国"大力神"协同可穿戴式外骨骼

成功研发了一款名为 Robo-Mate 的可穿戴式外骨骼系统，它能为体力劳动者提供手臂、腿部和背部的金属机械支撑，令他们工作时托举、负重能力提高到原来的 10 倍，如图 4-28 所示。该系统主要增强了人体三个部分即手臂、躯干和腿的能力，其手臂模组可让 10 kg 的物体拿起来就像 1 kg 一样轻，躯干模组可在举起重物时保护脊柱，而腿部模组可让工人轻松保持蹲下的姿势，不会消耗掉额外的力气。

可以看到，战场上步兵发展随着机动力、防护力、进攻力和信息力

▲ 图 4-28 德国 Robo-Mate 可穿戴式外骨骼

分别提高，就像"圣诞树上不断加挂的饰品会压垮圣诞树"那样，使步兵战斗力提升陷入了增加装备数量、进而增大负重、继之降低机动作战能力的困局。现在大量外骨骼装备的研制为打破这一困局提供了可能，单兵装备正在实现着从"体能受限"到"超越体能"、从"不堪其重"到"可堪其重"的转变，这也预示着一种新的"人装融合"战斗力模式的生成。但是新的装备也会带来新的人因问题，美国陆军纳蒂克士兵研发与工程中心的调研发现，参试的士兵对外骨骼装备表现出两极化态度：排斥者拒绝使用，依赖者则准备逃避基本的体能、技能和智能训练。众所周知体能、技能和智能是战术的基础，而这一基础是任何装备所不能取代的。如果装备的升级不能促进体能、技能和智能的发展，那么装备就不是战斗力的"倍增器"，而是"倍减器"。

5

保障交通安全的紧箍咒

5.1 地铁行车中司机的自言自语

2019年10月12日搜狐网有一则新闻《您可曾见过地铁司机的"自言自语"》，每当地铁列车呼啸着到站，车门和屏蔽门打开，乘客开始上上下下之时，有人会不经意间注意到车头处的司机会将食指和中指并拢向前，嘴里喃喃自语；当乘客上下完毕之时，他会一脚跨进司机室一脚在站台上，眼睛紧盯着车门和屏蔽门之间的缝隙，手指依旧，口呼如常。如图5-1所示，地铁作业中的指差呼唤。

这样高声地自言自语，加上略显夸张的肢体动作，在普通人的眼里或许有些怪异，但在地铁司机眼中这些再正常不过了。每次上班都需要重复几百上千遍的动作，不仅仅是在乘客可以看见的站台端墙门里立岗时需要手指口呼，当列车穿行在黑暗的隧道中，在乘客看不见的司机室里，他们一样需要手指口呼。确认信号需要，确认道岔需要，确认进路需要，确认距离需要，确认站牌需要，确认报站需要，确认列车状态需要，确认驾驶模式需要，确认列车速度需要，在列车和线路上一切有关行车的确认都需要进行手指口呼……

▲ 图 5-1　地铁作业中的指差呼唤

地铁司机的工作涉及成千上万乘客的安全，他们在驾驶作业中，其操作过程反复是：列车缓解—起动—加速—运行—制动—停曳，在整个工作中，就是通过一个又一个车站从甲地驶到乙地，这种单调性工作很容易使人疲劳、注意力不集中，而这恰恰是地铁行车安全的天敌。2010年8月美国纽约地铁发生了一起安全事故，一位名叫乔纳森·林恩的32岁男子的左臂被车门夹住，而地铁司机完全没有注意到这一点。列车开始加速离开站台，林恩眼看自己的身体就要撞到站台的墙壁，他在千钧一发之际，奋力借助站台墙的撞击力，居然硬生生扭断自己的胳膊。因此，如何保持行车时的地铁司机注意力集中一直是地铁行车安全所关注的问题。

5.1.1 "不注意"不是"注意"的反义词

"注意"是心理活动对一定事物的指向和集中。所谓指向，是指人的认识活动的选择性，即把特定事物从许多事物中挑选出来，比较清晰地去感知它，而对其他事物不去感知或感知得比较模糊。所谓集中，不仅是指离不开特定的事物，而且对其他无关甚至有害的对象的感知进行抑制。

人在注意某些事物时，大脑皮层相关区域产生一个优势兴奋中心，而其他区域则处于相对抑制状态，使落在这些相对抑制区域的刺激不能引起应有的兴奋，这就是注意的机制。

"不注意"一般被理解为没有注意或未加注意，日本《广辞林》则解释为"由于用心不足，而产生疏忽和遗漏"，这种把"不注意"作为注意的反义词和对立词的理解，从心理学和生理学的观点来看是不正确的。

日本"不注意"问题的研究专家狩野广之认为："不注意大多并非人们有意所为，而是符合自然法则的现象。不注意是由于产生不注意条件而导致的结果。所以仅仅要求人们靠集中注意力去防止事故，不是科学的安全管理方法。"日本的小林孝和进一步指出："不注意并非注意的反义词，即没有注意或未加注意。不注意只是在持续注意过程中出现的现象，而不是一种与意识定向有关的行为，不注意仅是持续注意的一部分。"

由此可见，"不注意"不是原因，而是结果，是客观条件造成的结果。人的注意是具有选择功能的，因为人处理信息的能力有限，必须用选择过滤器滤去不必要的部分，然后才能将短期记忆中的必要部分经处理后作为长期记忆贮存起来。"选择过滤器"特性研究表明，人偏重保留强烈的、新鲜的刺激，这说明"不注意"正是保持注意过程中的一种现象，相当于计算机的溢出。

因此，为了防止"不注意"就应解决如何使信息量在人的处理能力范围之内，如何使必要的信息刺激保持新鲜和强烈而不被溢出。

5.1.2 地铁司机为什么容易"不注意"

提高注意力狭义地说就是使"意识"牢固、可靠，即意识水平提高，而意识的定义为：将注意定向某个事物的状态。但持续地保持意识不是像说的那样容易，就人的生理、心理机能而言，长时间保持一定的意识水平几乎是不可能的。

为了持续保持意识、提高注意力，就需要接连不断地给予新的刺激。首先我们来了解下脑波与期待波（Contingent Negative Variation，CNV）。人的大脑皮层的神经元具有生物电活动现象，通过脑电图仪记录下的这种生物电活动的频率、振幅的波形称为脑波图或脑电图。通常的脑波图分为 5 种基本波形，如图 5-2 所示。这 5 种波形反映了人的意识水平的不同程度。

- α 波：频率 8~13 Hz、振幅是 20~100 μV，正常、安静、清醒、闭目时出现。

- β 波：频率 14~30 Hz、振幅 5~20 μV，睁眼视物或突然听到声音或思考问题时会出现。一般认为 β 波是大脑皮层兴奋的表现。

- θ 波：频率 4~7 Hz、振幅为 100~150 μV，一般在困倦时出现，是中枢神经系统抑制状态的一种表现。

- 纺锤波：频率 1~3.5 Hz、振幅 100 μV 左右，为入睡后的浅睡眠状态，因脑波图中夹有纺锤形而得名。

- δ 波：频率 0.5~3 Hz、振幅 20~200 μV，在睡眠时出现，清醒时无此波，在深度麻醉或缺氧时亦可出现。

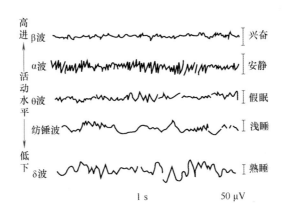

▲ 图 5-2　意识水平与脑波类型

所谓的期待波（CNV）就是对应于"期待、意欲、动机、注意"这样一些心理要素，通过脑波图分析方法而进行的神经生理学方面的研究。在这里，期待波则作为表现注意力程度的指标，通过实验来推测人的注意力程度。

图 5-3 是日本国铁劳动生理研究室在测试 CNV 时所采用的设备装置，除了为记录脑电波所需的脑电仪外，还有信号刺激呈现和反应时间同步的记录装置、A/D 转换装置和计算机。在 CNV 测试实验中，在脑电波安定后，首先对被试给予预警告刺激 S1，然后给予刺激 S2，告知被试一旦 S2 出现时，应立即按键响应，实验装置进行一系列记录和处理。如此过程重复操作 20~100 次，其结果如图 5-4 CNV 的波形所示，其中 S2 前的阴影电位变化即称为 CNV。

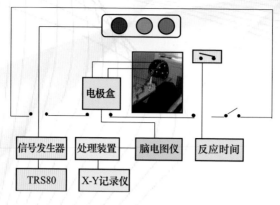

▲ 图 5-3 期待波测试的实验装置

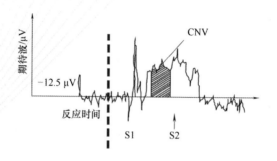

▲ 图 5-4 CNV 的波形

铁路和地铁信号与普通的公路交通信号有很大的不同，公路交通信号的红灯和绿灯是交替出现的，一种信号出现的概率大约为 50%，由于连续出现绿灯的机会很少，因此司机"期待""紧盯"红灯的心情几乎一直处于高意识状态。

在铁路和地铁领域则不同，铁路和地铁信号在很多情况下会连续显示绿灯。由于铁路和地铁是采用"闭塞"方式来显示信号的，于是就存在着红灯信号很少出现的情况，或者红灯信号出现概率较低，这就产生了对司机注意力影响的问题。下面是一个关于铁路信号期待波的实验，也是由日本国铁劳动生理研究室完成的。

实验仍然采用图 5-3 所示的实验装置，对被试给予预警告刺激 S1 的绿色信号，绿灯亮 0.25 s，2 s 后，显示作为命令的刺激 S2 即"绿"或"红"

色信号，也亮灯 0.25 s，要求被试凡是"红"灯亮时，按反应键，5 s 后再提示 S1，如上类似的过程依次连续进行 100 次。

现设 100 次显示"红"灯的比例为 5%、20%、50% 三种条件，记录下这三种条件下的脑波和反应时间（由 S2 红色显示到按下反应键间的时距），并对 CNV 进行分析，实验结果如图 5-5 所示。

比较三种条件下的脑波图可以看到：红灯出现率为 5% 的 CNV 较平缓，反应时间也长。其原因不难理解，红灯出现率较低的情况下，整个过程就几乎是绿灯，被试的"期待"连续落空，紧盯的弦也就慢慢松弛下来了。这时突然亮了一次红灯，

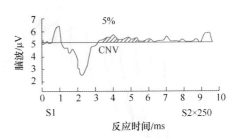

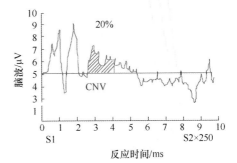

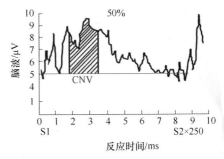

▲ 图 5-5　红灯信号出现率与期待波（CNV）

由于被试的注意程度已经迟钝，以致最终对规定的作业（按键）的兴趣也淡薄了，于是 CNV 就不可能出现兴奋的波形。与此相对应的是红灯出现率为 20% 时，由于"期待"的落空现象减少了，CNV 波幅上升幅度就大些，而红灯出现率为 50% 时，红色信号 S2 平均每两次就出现一次，被试一直处于按键反应状态，注意力高度集中，大脑皮层处于高度兴奋状态，CNV 就显得大很多。

通过上述分析可以看到，铁路信号与普通公路交通信号存在很大的

区别。列车司机的一些"不注意"所引发的事故（如冒进信号）不是主观有意而为之，往往是信号显示的特点所造成的。所以"不注意"不是原因，只不过是人的生理、心理在某种条件下所引起的必然反应，期待的信号出现概率越低、操作动作越少，列车司机越容易产生"不注意"现象。

5.1.3　如何提高地铁司机的"注意力"

手指口呼最早是从日本引入我国铁路系统的，其学名叫"指差呼唤"，"指差"是指用手指指示，"呼唤"是高声呼喝。在我国铁路部门列车驾驶通常是采用正副司机制的双人驾驶，一人指差呼唤后，另一人需要应答确认，再进行一次指差呼唤，所以又称之为"呼唤应答"，铁路技术管理规程第 12 章第 235 条明确要求机车司机在列车运行中必须"认真执行呼唤、应答制度"。在铁路机车运用规程第 23 条则对"呼唤、应答"制度还作了具体规定，例如：进站信号机显示进正线停车时，发现者呼"进站信号停车"，并伸出大拇指，确认者答"进站信号停车"，也需伸出大拇指，这种制度后来从铁路系统沿用到我国的城市轨道交通系统。

最早的"指差呼唤"始于日本一百多年前的明治时代。当时神户铁路局有一位叫作堀八十吉的列车驾驶员由于视力恶化，在执行驾驶任务时反复向自己的副驾驶员询问事项。该铁路局的高层认为这种指差呼唤的方式很有利于防止安全事故，于是将其制度化，后来日本中央劳动灾害防止协会将这套"指差呼唤"法推荐为日本交通、制造业、电力等领域中日常重要安全工作中的必要程序。在日本所有的地铁系统中，无论是司机或车长，列车运行时，均要进行指差呼唤。"指差呼唤"的要求是眼、口、耳、手一致，其主要过程是用眼关注、用手指向、大声呼唤、确认听到。"指差呼唤"的目的是在短时间内提高操作人员的注意力，以减少因为注意力涣散带来的安全事故。

日本国铁研究室曾对"指差呼唤"制度的有效性进行了研究，结果表明在推行"指差呼唤"制度后，人为失误的比率大幅下降了72%。香港铁路有限公司在参考日本的经验之后，在港铁也开始推行"指差呼唤"程序，成功令事故率大幅下降超过6成。这种作业程序真的对改善司机作业绩效有效吗？下面我们仍然通过日本国铁关于"指差、呼唤"实验来说明这个问题。

在仪表盘上并列5种颜色灯泡，分别表示前进、减速、注意、警戒、停止等名称，每间隔1.5 s随机点亮一盏色灯，被试按动手持五个反应键中对应的那个键，使灯熄灭。

这个实验让被试经过充分的练习后，按下面四种方案进行测试，即：

（1）只按键，不附加其他作业；

（2）按键，并手指相应的灯泡；

（3）按键，并呼出相应灯泡所表示的名称；

（4）按键，并手指、呼唤。

被试为30名列车司机，每名被试测试200次，作业绩效指标为按键错误发生率和迟时（在1.5 s内未能反应）的发生率，实验结果见表5-1。

表5–1　日本国铁"指差、呼唤"实验结果

方案结果	（1）	（2）	（3）	（4）
按错率（%）	2.85	1.5	1.25	0.8
迟时率（%）	1.15	0.9	0.95	0.75

从实验结果可以看出，"指差、呼唤"对减少作业的差错应该是有效的，这也印证了我国铁路和地铁实行"指差呼唤"制度的有效性。这种作业方式既可以减少或消除确认和操作上的差错，又可以增加对司机的刺激量，提高乘务人员的意识水平。要呼出相应的信息和设备的名称，就要做必要的思考，强化了对目标的注意集中，与此同时作业者的下颚、

手、上肢和手腕部分的身体得到了运动，作为一种刺激可以提高大脑的兴奋程度。我国铁路机车乘务组由司机和副司机两人组成，通过"呼唤、应答"不仅可以对信息进行相互提醒和确认，而且相互之间也构成了一种刺激，从而延长了意识时间，有助于提高注意力。

5.2　驾驶中恼人的眩光

2000 年 11 月 24 日晚，总吨为 7 310 t 的集装箱班轮 Y 号，从日本石垣出发，航经基隆港附近。当时海面东北风 3~4 级，轻浪，能见度良好。船只驾驶台雷达开启，仪器一切正常。22 点 20 分左右，Y 号船三副从雷达上发现在船首左舷 40 舷角距离 4 n mile 处有一艘船（G 号船）。由于当时海面背景亮度较强及渔船灯光造成的眩光影响，G 号船号灯识别不清；22 点 30 分，Y 号船三副观测来船方位没有明显变化，距离仅 1 n mile，此时已能看清 G 号船显示两盏垂直红灯（失控号灯）。因 Y 号船右前方还有渔船，便向右转向 15°，直至让过该渔船后才作右满舵；22 点 33 分，G 号船船首与 Y 号船左舷相擦碰，导致 G 号船首楼甲板及 Y 号船左舷船体严重受损。

2012 年 12 月 4 日中午 12 点 31 分，在英国芬宁利小镇附近的一个半自动障碍（Automatic Half Barrier，AHB）平交道口，一辆客运列车和一辆汽车发生碰撞。事故造成汽车内的一名儿童在碰撞中受了重伤，经救治无效在医院去世。经调查发现，事故当天天气晴朗，但早些时候的阵雨使得路面潮湿，且冬季阳光低照引发的眩光影响了汽车驾驶员的视线，使得驾驶员在接近平交道口前并没有看到道路交通信号灯闪烁，只在非常靠近平交道口时才注意到闪烁的灯和已落下的障碍物，然而此时的紧急刹车已然来不及了。

5.2.1　眩光问题不容小觑

清晰的视线对于安全驾驶是至关重要的，因为驾驶时人员近90%的反应能力都要依赖于视觉系统。不幸的是，生活中大量存在的眩光会分散人的注意力，降低视觉能力，给交通运输带来了极大的安全隐患。眩光是指造成人眼视野内的明暗区域之间存在强烈的亮度对比的光线。此时，由于视野中光的强度大于眼睛所能适应的光强度，会造成视觉性能的丧失或不适。简单地说，当大量的光线同时进入了人的眼睛，干扰了眼睛处理光线的能力时就会产生眩光。眩光可以发生在白天或夜晚，白天太阳强烈的照射与夜晚大量的人造灯光所形成的直射或反射光线都会是眩光的来源，并可能以多种方式呈现，如图5-6至图5-9所示。根据眩光对人的视觉的影响程度，一般可分为两种类型：不舒适眩光和失能眩光。

▲　图 5-6　来自太阳的直射眩光

▲　图 5-7　出隧道时视觉明暗差过大形成的眩光

▲　图 5-8　汽车后视镜的反射眩光

▲　图 5-9　轨道列车驾驶台显示器的反射眩光

不舒适眩光会导致人本能地想要把目光从明亮的光源上移开，或者在努力看清目标时感到困难。例如在日落时驾车向西行驶，即将落下的太阳的余晖直接刺向人眼，使得驾驶人辨认道路交通情况的难度增加。又例如夜间汽车的头灯或街道旁的路灯，在直视这些光源时周围会形成"光晕"，这些现象都会影响驾驶员的注意力并让人感到烦躁。不舒适眩光可能是由直接或反射的眩光引起的，以不同程度的强度出现，而不舒适的程度则取决于一个人的感光度，即使是较轻微的眩光也可能导致视觉不适，通常表现为眼睛干涩或出现视觉疲劳症状。在没有任何外界保护的情况下，人的眼睛会自动通过眯眼和收缩瞳孔来对不舒适眩光做出反应，人员自身通常也会通过遮挡眼睛或转向另一个方向来避免眩光的干扰。在驾驶时，这样的应激反应和行为举措便会造成人员视野范围受限、视觉清晰度下降、注意力分散及反应迟缓等现象，从而容易引发交通事故。

　　失能眩光是指降低或损害视觉对象的可见度，但不一定产生不舒适感觉的眩光。眩光源会产生覆盖照明，它减少了视网膜上物像的对比照明，造成较差的视觉效果。通俗地讲，当进入眼睛的光线太强烈以致造成视力不同程度受损的光源，都可以被称为失能眩光。在现实生活中，当我们被强光照射时，往往只能看到亮处的物体却看不清暗处物体便是此道理。失能眩光干扰或阻挡视线的原因，是由于光线进入眼球时会发生散射，进而降低了人的视觉清晰度并提高了对于光线的差别感觉阈值（感觉微小变化的限值），导致视野内目标的对比度降低。失能眩光会造成短暂或者长时间的视觉功能丧失，严重者甚至造成失明，并且随着年龄的增长，老年人晶状体的透明度降低，失能眩光的影响也愈发严重，可能会导致白内障的形成。

　　由此可以看出，不论是不舒适眩光还是失能眩光，都充斥在我们的日常生活中，并给交通出行的安全带来了极大的危害。美国国立卫生研究院（National Institutes of Health，NIH）进行了一项长达 20 年的研究，从 1995 年到 2014 年，共调查了 1.1 万起危及生命的机动车碰撞事故以及引发这些事故的主要原因。研究发现在所有发生在白天的撞车事故中，约有三分之一发生在明亮的阳光下，这表明太阳光的危害远比大多数人认为的要危险得多。研究还发现，在特别明亮的阳光下发生危及生命的撞车事故的风险比正常天气高出 16%。根据 PHILIP 照明公司的统计，美国道路上的死亡事故中有一半是发生在夜晚，若按运行公里加权计算，美国夜间交通事故的死亡率约为白天的两倍半。这是由于夜间人的视觉能力下降，可见视距缩短，对道路上黑暗与明亮灯光的对比敏感度降低所造成的。在这种情况下，来自前后方汽车车灯、街道旁路灯和建筑灯光所造成的眩光便会加剧夜间的行车安全隐患，可能导致发生更多的交通事故。

近年来不论是日常驾驶的汽车，还是高速列车、民航飞机、船舶等公共交通运输工具，其人机界面中的显示装置设计均出现参数集中化、显示智能化、玻璃化的趋势，从而导致其照明环境更加复杂，眩光产生的可能性和复杂性也大大提高。因此交通运输中的眩光问题已经成了交通运输管理者关注的重点。

5.2.2 怎样测量与计算眩光

不舒适眩光是日常驾驶中最常见的眩光类型，但不像失能眩光会对观察者身体造成可以观察到的影响特征，它通常仅能给人带来心理上主观的不适感，因此也是较难评估的一种眩光。如何对不舒适眩光进行测量与评估是控制并消除眩光，保障运输安全的前提条件之一，对于指导道路汽车、高速列车、飞机与船舶等交通运输车辆的照明设计与优化具有十分重要的意义。

如图 5-10 所示，当光线入射人眼，通过瞳孔、晶状体等眼内结构在视网膜上成像,从物理光学视角去看,人眼就像一部精密的光学仪器,清晰的视觉由景物在视网膜上成像完成,而眩光光源的存在使视网膜上接收的光能大于人眼正常情况下所能适应的感光量,非清晰的模糊像则形成感光,并影响清晰视觉的形成,触发眩光效应。研究认为,由单个光源产生的不舒适眩光主要受到四个参数的影响:观察者眼睛方向的光源照度、朝向观察者眼睛的眩光源立体角、背景亮度以及光源的位置指数 P。根据眩光源类型的不同,人造灯具的照明眩光和来自太阳的日眩光又有各自测量计算的方法。

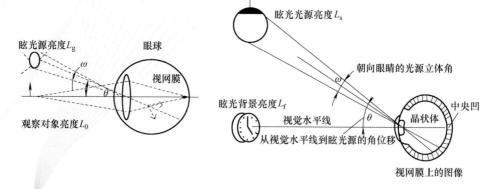

▲ 图 5-10 眩光形成及影响因素

1. 室内照明眩光测量与评估

室内照明不舒适眩光评估模型的研究始于 20 世纪 20 年代,各国通过实验的方法研究并建立起表征不舒适眩光影响因素与主观感觉之间关系的模型,并形成如英国的 Petherbridge 和 Hopkingson 建立的 BGI(British Glare Index)模型,美国学者 Guth 建立的 VCP(Visual Comfort Probability)模型等用于室内照明不舒适眩光的评估模型。但经过验证发现,包括 BGI 和 VCP 在内的几种不舒适眩光的评估模型并不能较好地反映眩光的主观不舒适感觉。1983 年起国际照明委员会(Commission International De L'Eclairge,CIE)一度采用了南非学者 Einhorn 改进的眩光指数 CGI(CIE Glare Index),随后在 1995 年推出了新的统一眩光评估公式（Unified Glare Rating，UGR）， UGR 与眩光的主观不舒适感觉之间的契合度达到了 89%，因此该公式被认为是目前为止评估效果最理想的室内照明不舒适眩光的评估模型。UGR 公式输出的是一个预测视觉环境中光源引起的主观不舒适感觉的心理参量，受到单个光源的亮度、背景亮度、光源的立体角和该光源的位置指数影响。

UGR 指标依旧存在一定局限性，在眩光源的大小上有一定的适用范围：当评估较大的眩光源时 UGR 值偏低，而对于较小的眩光源则会偏高。UGR 对于可察觉眩光至不舒适眩光场景的评估均具有较高的准确性，但在用于评估难以忍受的眩光场景中精度较差，不同等级的不舒适眩光与 UGR 评估值的对应关系见表 5-2。

表 5-2   室内照明眩光评估值与主观感受

舒适程度	主观感受	UGR
不舒适区	难以忍受	>28
	略微难以忍受	28
	不舒适的	25
	稍感不适	22
舒适区	可忍受的	19
	还能接受的	16
	明显的	13
	稍有察觉	10

2. 日眩光的测量与评估

日眩光是由于日光直接或间接射入驾驶室，而使司机视野内亮度分布不均或存在高亮区域，引起的视觉功能降低或视觉不舒适的现象。通常，当存在阳光直射情况时，眩光区域亮度非常高，有数据显示太阳中心亮度约为 $0.67 \times 10^9 \ cd/m^2$，大约是一般日光灯（40 W）亮度的 105 倍，且日眩光一般透过窗而形成，通常窗的面积较大。前面所提到的评价指标（VCP、BGI 和 UGR 等）均是为了评估人工照明的小光源引起的不舒适眩光，并不能用于预测来自窗户的日光所造成的不舒适眩光。由于交通运输车辆的驾驶室不同于建筑，是一个移动环境，驾驶室内的日眩光会受到驾驶时间、运行方向及天气状况影响，因此日眩光的评估相比人工照明眩光更为复杂，不仅要确定几何参数，特别是立体角和位置指数，还要确定观察者感知到的亮度值变化。由于自然环境的多变性，日眩光的测量与评估还具有时间因素的限制。

20 世纪 60 ~ 70 年代，Cornell 大学和英国的 Hopkinson 针对大面积光源不舒适眩光进行了研究，并提出 DGI（Daylight Glare Index）评价指标。Chauvel 学者针对窗外景物、地面和天空亮度对不舒适眩光的影响，对 DGI 进行了修正，认为 DGI 指标受到透过窗所看到的天空、地面以及遮挡物的亮度，室内观察者视野范围内各表面的平均亮度，窗的平均亮度，窗的总体立体角，位置修正窗的立体角和眩光源位置指数多个因素共同决定。2006 年，Wienold 和 Christoffersen 开发了一种用于采光的不舒适眩光指数，称为日渐眩光概率（Daylight Glare Probability，DGP），该指标在 DGI 基础上另外考虑了垂直照度的影响。

根据观察者的主观感受程度，一般可将不舒适眩光划分为四个等级：觉察不到的眩光、可察觉到的眩光、令人不安的眩光以及难以忍受的眩光，而 DGI 和 DGP 在用于计算评估不同程度的日眩光中各有优劣。DGI 在察觉不到的眩光场景中显示出最佳的精度，而对于其他三种等级眩光的评估则较差，尤其对于难以忍受的眩光场景的评估准确性最低。DGP 指标在评估察觉不到和难以忍受的眩光场景时显示出非常高的准确率，但在确定可察觉和令人不安的眩光方面准确性却较差。但 DGI 和 DGP 指标至少在我们想要明确是否有不适眩光存在时还是十分有效的，不同等级的不舒适眩光与 DGI、DGP 评估值的对应关系见表 5-3。

表 5-3　日眩光评估值与主观感受

主观感受	DGI	DGP
察觉不到的眩光	<18	<0.35
可察觉到的眩光	18~24	0.35~0.40
令人不安的眩光	24~31	0.40~0.45
难以忍受的眩光	>31	>0.45

5.2.3　如何进行眩光的评估与设计

传统的眩光评估方法建立在实验基础上，并依赖实物模型需要进行现场测量。这样的评价方式面临着诸多问题，例如眩光源的边界难以确定，即使边界确定但对于不均匀眩光区域也难以通过测量方式保证模型计算参数值的准确性。更严重的问题是传统照明眩光评估方法依赖实物模型因而不能在人机界面设计初期完成，这将导致：若在样车生产后发现问题，再去改进照明环境时势必会增加制造成本，延长设计周期。而采用仿真方法则可以避免上述问题。

运用视觉仿真的原理，如图 5-11 所示，根据人眼的位置和视野范围建立由眼点和屏幕组成的探测器，再通过逆向光线追踪的方法从眼点位置到屏幕上每一个像素点分别射出一条光线，这些光线穿过屏幕到达模型场景中的物体，根据模型被定义光学属性的不同发生吸收、反射（R）或透射（T）等作用。这些反射或透射后的光线在模型中再碰到其他物体发生同样过程，直至达到设定的次数或者射出模型时，该条光线的追踪终止，最后根据追踪过程中获取的光学信息计算并返回对应像素点的亮度等参数值。目前，眩光评估问题已

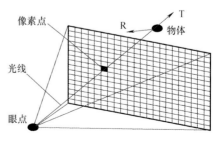

▲　图 5-11　人的视觉仿真原理

在汽车驾驶人机交互、飞机座舱人机界面设计中引起了相关学者的关注，视觉仿真方法也已在这些领域得到了初步的应用。运用光学仿真的方法可预测系统的照明效果和光学性能，从而节省原型制作时间和成本，提高产品效率。

目前已存在许多相当成熟的光学仿真软件，例如 DIAlux、Ecotect、Agi32、Ansys SPEOS、Lightscape 等，以及一些专门针对眩光的评测软件，例如 Evalglare、Glare 等。SPEOS 软件是法国 OPTIS 公司开发的一款基于 CATIA 平台的专业光学软件，能够进行光学分析与设计，模拟光学系统并进行视觉仿真。这套系统利用基础射线法、蒙特卡洛法以及解析光度测定等方法开发出高效的测光法仿真运算法则，并允许使用者用光谱的数据管理去处理并仿真正确的发散源、光传播、光在表面的干涉与光探测，其视觉探测器能够精确模拟出人眼的视野、视距、聚焦、眩光等真实光环境感受，图 5-12 所示为 SPEOS 在高速列车、飞机及汽车驾驶舱的视觉仿真效果。

a）高速列车驾驶舱　　　　　　　b）飞机驾驶舱　　　　　　　c）汽车驾驶舱

▲　图 5-12　SPEOS 在高速列车、飞机及汽车驾驶舱的视觉仿真效果

下面以 SPEOS 为例，介绍在实际工程应用中如何采用光学仿真的方法进行眩光评估并以此来辅助照明设计。在明确设计对象后，首先需要在高精度的 CATIA 设计开发环境下进行列车客室 3D 参数化建模，模型应尽可能保证尺寸的精确。为了提高仿真速度，对于设备内部（非表面）零部件可进行简化。之后使用光学模拟和视觉仿真系统在 SPEOS 环境

下建立客室内表面材质光学属性库、室内光源文件库，并设定外界环境光，针对多种驾驶场景，室内光源和环境光的设定也要尽可能全面。通过查询相关标准及规范确定驾驶员的人眼位置并构建人眼视觉模型。最后在 SPEOS 中利用 Light Modeling 模块的 Inverse Simulation 功能进行视线逆向仿真，并评估当前环境下的眩光等级。如果评估结果不符合照明标准或设计要求，则可返回第二步修改光学环境参数值，展开这样迭代设计直至满足要求为止，具体的流程如图 5-13 所示。

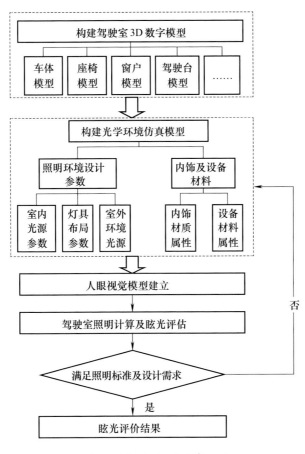

▲　图 5-13　眩光仿真流程

5.3 自动驾驶带来的新体验

作为汽车安全技术的引领者沃尔沃，1927 年第一辆"雅各布"沃尔沃 ÖV4 下线之际，它的两位创始人阿瑟·格布里森和古斯塔夫·拉尔森说过，"车是由人来驾乘的，因此我们做任何事情的指导原则是，而且必须是——安全"，就此奠定了沃尔沃 93 年"以人为尊"的造车之路。

沃尔沃从诞生开始就致力于安全，除了久负盛名的车身安全，沃尔沃汽车更试着求解在驾驶上科技与安全之间的平衡方程式，将汽车安全配置不断提升到一个新高度。

- 2003 年沃尔沃智能驾驶信息系统（Intelligent Drive Information System，IDIS）问世
- 2004 年沃尔沃发明了带有刹车辅助和自动刹车功能的碰撞警示系统，这是汽车安全的又一次革命
- 2006 年沃尔沃发明了盲点信息系统（Blind Spot Information System，BLIS）
- 2007 年沃尔沃推出了酒后驾驶闭锁装置
- 2008 年世界首创的 City Safety 城市安全系统诞生，有效减少或避免低速追尾碰撞
- 2010 年划时代安全科技，带全力自动刹车功能的行人安全系统诞生，同年，沃尔沃推出 Sensus 多媒体信息交互系统，并率先应用于沃尔沃 S60
- 2011 年沃尔沃推出 IntelliSafe 智能安全科技、Drive-E 绿色驾控战略和 Sensus 多媒体信息交互系统，共同组成外围三大科技优势，并应用于多款车型
- 2012 年沃尔沃 V40 在日内瓦车展上市，成了全球首款配备了行人安全气囊的车型
- 2015 年首创交叉路口自动刹车技术，能够在转弯遭遇对向来车时自动刹车
- 2015 年全球首创"大型动物探测系统"，可以探测到大型动物，

如麋鹿、马、驼鹿等，同时向驾驶者发出预警，并对正在行驶的车辆实施刹车辅助以避免碰撞

沃尔沃新的 City Safety 升级系统可以在车辆速度介于 65~130 km/h、路面具有清晰可见的车道标线时启用，辅助驾驶者避免与迎面而来的车辆发生碰撞。当车辆速度介于 65~130 km/h 之间，驾驶者变更车道时，如后方盲区内有车辆靠近，以后视镜指示灯闪烁警示驾驶者，一定条件下系统将辅助车辆驶回原本车道。当车辆速度介于 50~100 km/h 时启动，当碰撞即将发生，驾驶者在打方向时，系统可帮助驾驶者修正方向，并完成更合理和有效的转向动作，尽可能避免碰撞发生。

City Safety 可以有效地依靠装置在后视镜后方的激光探测和测距传感器，来持续测量本车至前方其他车辆的距离，以识别同向行驶的较慢车辆或完全静止的车辆，如果即将发生碰撞，则 City Safety 会自动启用。其工作范围从原有 30 km/h 以内扩大到 50 km/h 以内，可防止本车与前方车辆相对速度低于 50 km/h 时的碰撞。City Safety 可以识别骑车人、行人等，如图 5-14 所示，帮助避免或缓和碰撞。

▲ 图 5-14 City Safety 识别骑车人

沃尔沃自适应巡航控制（Adaptive Cruise Control，ACC）功能可确保驾驶车辆与前车保持适当的距离，如图 5-15 所示。这使驾驶者在驾

驶时倍感轻松，尤其在慢速移动的交通中，它通过内后视镜后方的高清摄像头及雷达传感器来识别前方车辆，并可按驾驶者的偏好设定，保持与前车之间的距离和所需车速。

▲ 图 5-15　沃尔沃 ACC 自适应巡航控制

Pilot Assist 自动驾驶辅助系统，能通过车前高清摄像头和雷达远距离探测前方情况，无须跟随前车，即可实现沿清晰可辨的车道标线平顺行驶及转向。无论高速公路快速行车还是低速路况下，在 0~140 km/h 速度范围内具有自动驾驶功能，实现轻松日常通勤。

目前，以沃尔沃为代表的汽车主动或预碰撞安全技术已经越来越多地被其他车辆所采用。这些系统可快速获取并利用车内和车外的数据，降低碰撞的可能性，实现对车道偏离报警、自动制动、碰撞规避和其他干预，确保驾驶者和行人的安全。随着主动安全技术的进一步延伸，全自动驾驶的智能汽车开始走进我们的生活。

世界卫生组织在 2018 年公布的《全球道路安全现状报告》指出，道路交通死亡人数持续攀升，全球每年因交通事故死亡的人数约有 135 万，受伤人数多达 5 000 万。道路交通事故已被公认为是当今世界危害人类生命安全的第八大公害。2016 年 12 月，《中共中央　国务院关于推进安全生产领域改革发展的意见》颁布，为安全生产领域的改革发展指明方向和路径。交通运输行业开始从"被动安全防御"向"主动安全智能防护"转变。

2018年，江苏省率先启动"两客一危"重点营运车辆主动安全智能防控技术试点应用，通过技术手段来减少交通事故。2020年2月，国家发展改革委等11部委联合印发《智能汽车创新发展战略》，其中在战略愿景里提出："展望2035到2050年，中国标准智能汽车体系全面建成、更加完善。"具体战略愿景包括："到2025年，中国标准智能汽车的技术创新、产业生态、基础设施、法规标准、产品监管和网络安全体系基本形成。实现有条件自动驾驶的智能汽车达到规模化生产，实现高度自动驾驶的智能汽车在特定环境下市场化应用。"

根据《智能汽车创新发展战略》，智能汽车是指通过搭载先进传感器等装置，运用人工智能等新技术，具有自动驾驶功能，逐步成为智能移动空间和应用终端的新一代汽车。智能汽车通常又称为智能网联汽车、自动驾驶汽车等。2020年全国两会中，自动驾驶亦是重要议题之一，主要建议包括"建设高度自动驾驶先行示范区""将无人配送车辆纳入'新基建'""促进自动驾驶产业化"。

从以上可以看出，国家在积极推动自动驾驶的产业化。究其原因，主要有三点：一是自动驾驶是一个经济增长点，将其纳入"新基建"范畴，能够推动智慧城市发展，带领产业进入新的增长周期；二是客观上，人误是道路交通事故的主要原因，从驾驶控制闭环中移除更危险的人为因素，最终可能在统计学上降低交通事故率；三是驾驶被认为是一个高压力下的行动，通过将某些特定的驾驶行为自动化，可以改善驾驶员的身心健康。

根据国际标准SAE J3016—2018，驾驶自动化等级可以划分为6级，见表5-4。

表 5-4   SAE 驾驶自动化等级划分

SAE 等级	名称		概　念	动态驾驶任务（Dynamic Driving Task, DDT）			动态驾驶任务 DDT 支援（DDT Fallback）	设计的适用范围（Operational Design Domain, ODD）
				持续的横向或纵向车辆运动控制	目标和时间的探测响应（Object and Event Detection Response, OEDR）			
驾驶员执行部分或全部动态驾驶任务（DDT）								
0	无自动驾驶		即使有主动安全系统的辅助，任由驾驶员执行全部的动态驾驶任务	驾驶员	驾驶员		驾驶员	不可用
1	驾驶辅助		在适用的设计范围下，系统可持续执行车辆运动控制的某一子任务（不可同时执行），由驾驶员执行其他的动态驾驶任务	驾驶员和系统	驾驶员		驾驶员	有限
2	部分自动驾驶		在适用的设计范围下，系统可持续执行车辆运动控制任务，驾驶员负责执行 OEDR 任务并监督自动驾驶系统	系统	驾驶员		驾驶员	有限
自动驾驶系统（Autonomous Driving System, ADS）执行完整的动态驾驶任务（DDT）								
3	有条件的自动驾驶		在适用的设计范围下，系统可以持续执行完整的动态驾驶任务，用户在系统失效时接受系统的干预请求，及时做出响应	系统	系统		备用用户（在自动驾驶系统失效时接受请求，取得驾驶权）	有限
4	高度自动驾驶		在适用的设计范围下，自动驾驶系统可以自动执行完整的动态驾驶任务和动态驾驶支援，用户无须对系统请求做出回应	系统	系统		系统	有限
5	完全自动驾驶		自动驾驶能在所有道路环境执行完整的动态驾驶任务和动态驾驶支援，驾驶员无须介入	系统	系统		系统	无限制

5.3.1 车辆安全的第三只眼——主动驾驶安全

根据《全球道路安全现状报告》，世界上 80% 以上的道路交通事故是由驾驶者引起的，驾驶者是事故发生的主要原因，放眼全世界，众多国家和地区都有相似的结论。同时，由于人为错误导致的交通事故的总量是极大的。由此引起了我们的思考：究竟什么样的错误让大量的人为错误不停地发生，其成因又是什么？

尽管人为错误是道路交通碰撞的主因已经被广泛接受，但是目前仍缺少一种结构化的数据采集方法来了解道路交通事故中的人为错误。不仅如此，即便已经采集到了一些相关数据，还是缺少一种有效的分类系统，将各种人为错误及其原因进行精确分类。

在航空领域，Chapanis 提出"飞行员错误"本质上是"设计者错误"。Chapanis 发现一个有趣的现象：在飞机着陆后，飞行员本该收回襟翼，然而却经常错误地回收起落架。Chapanis 发现，控制起落架和襟翼的开关不仅相邻而且外形一模一样，因此推断：错误应归咎于这种设计混淆，而非飞行员本身。为防止此类现象，他提议采用分散的方式对控制系统界面进行编码布局，这种做法现已推广成为行业标准，同时，这种容错的设计理念被应用在越来越多的设备上。人们对于"错误"的理解也在进步，起初人们关注的只有造成错误的人，而现在更多地关注发生错误的系统本身。错误不再被简单定义为"某个个体造成的某一个失误"，更多的时候可以被定义为"在某个设计或某一系统范围内，存在某些会引发错误的特定活动，这些活动的持续进行对系统产生的特定结果"，在这种思想的指导下，对于道路交通事故的系统分析需要考虑到各种因素，进而对错误进行精确分类。

对于错误分类，James Reason 提出的一般错误建模是应用最广的方法之一。该错误分类系统可以分为失误、疏忽、过失和违规四个类别。

失误和疏忽分别代表注意力失效和记忆出错，属于无意识的行为，而过失是主观犯错，是有意识的行为。违规则是偏离了公认的程序、标准和规则，这种行为既可能是故意的，也可能是无意的。

从系统的角度来看，大多数错误是由于存在于更广泛的系统中的潜在或诱发错误的条件引起。这些因素包括设备不完善、培训不足、设计拙劣、维护失效、程序不明确以及一种会无意中驱使人类执行非最优行为的特征。

通过对人为错误进行分类，可以从系统的高度进行思考，如何才能将车辆技术与驾驶能力限制进行完美匹配。如果朝着这个方向努力，那么通过车辆技术来消除人为错误或减轻事故后果是完全可能的。针对部分人为错误，车辆设计者已经提出了一些有效的技术解决方案，见表5-5。

表5-5　针对部分人为错误的车辆技术解决方案

错误类型	事　例	车辆技术解决方案
行为失败	未能成功查看后视镜	防碰撞感应和预警系统 行人监测和预警系统
错误行动	本想踩制动踏板但是踩了加速踏板	智能车速自适应系统 自适应巡航 车速控制系统
行动时机错误	踩制动踏板过早或过晚	自适应巡航
行动过度	踩加速踏板过重	智能车速自适应系统 车速控制系统
行动过小	没有踩下加速踏板	自适应巡航
行动不完整	转向不充分	全车身防撞系统
不适当行动	跟车太近 冒险超车	自适应巡航 自动超车系统
感知错误	没有观察到过马路的行人	防碰撞感应和预警系统 行人监测和预警系统
错误假设	错误的假设旁边车道的车不会并线	自适应巡航 防碰撞感应和预警系统
无意识	在跟车时几乎撞到前车	警觉监控系统

错误类型	事　例	车辆技术解决方案
分心	被次级任务分心，如接电话	防碰撞感应和预警系统 行人监测和预警系统 智能车速自适应系统
错误判断	错误估计车速和距离	自适应巡航 智能车速自适应系统 车速控制系统
信息错误解析	错误读取了道路指示牌、交通控制设施或道路标志	车内道路标志显示系统 导航系统
信息错误理解	察觉到了正确信息但是理解错误	显示器和硬件解析正确信息并指示潜在危险
有意违规	内侧超车 有意超速	自动超车系统 车速控制系统

　　以上列举的车辆技术均属于主动安全技术，由于这些措施都是辅助驾驶的操作，因而具有较强的针对性。这里的主动安全技术是指尽量自如地操纵控制汽车的安全系统措施，无论是直线上的制动与加速还是左右打方向盘都应该尽量平稳，不至于偏离既定的行进路线，而且不影响司机的视野与舒适性。有人说被动安全的尽头是主动安全的开始。人类在被动安全方面已经发展了几十年，从安全带、吸能保险杠、安全气囊到儿童安全座椅、侧面安全气帘、主动悬挂……被动安全设施带来死亡率的降低越来越有限，因此，为了进一步降低交通死亡率，就必须采用更加先进的自动化功能来消除潜在的人为失误。

　　2018年英国《汽车》周刊1月22日报道，随着越来越多汽车安装了先进的主动安全系统，英国的道路交通事故在短短五年内就减少了10%。2019年9月通用汽车公司联合美国密歇根大学交通研究所（University of Michigan Transportation Research Institute，UMTRI）所公布的一项最新研究结果显示，先进的主动安全技术将能够有效降低事故发生率。该研究项目调查了370万辆汽车，覆盖了通用2013—2017年生产的20种不同品牌车型。据悉，前向自动紧急制动系统能够将追尾事故发生率降低46%；反向自动紧急制动系统的安全保障最有效，能将倒车时的碰撞事故发生率降低 81%。此外，带侧方盲区预警功能的车道变更辅助系统能减少 26% 的碰撞事故，车道保持辅助系统则能将偏离车道的事故减少 20%。不仅如此，研究结果还显示，自动远光灯系统等能在一定程度上避免事故的发生。

可以看到主动安全技术是进一步通往自动驾驶，实现交通事故零伤亡的必经之路。作为自动驾驶的初期阶段，它能为驾驶者提供重要或有益的驾驶相关信息，以及在车辆行驶变得危急的时候发出明确而简洁的警告。目前汽车主动安全技术主要体现在危险预警和自动刹车方面，包括车道偏离警告系统（Lane Departure Warning，LDW）、自适应巡航控制（Adaptive Cruise Control，ACC）、电子稳定控制系统（Electronic Stability Control，ESC）、车道保持辅助系统（Lane Keeping Aid，LKA）和紧急自动刹车等大家已经熟悉的辅助驾驶系统。下面我们就以主动安全技术中的自适应巡航控制为例，从人因工程角度来看一看它对驾驶者的影响。

ACC 是一种被商业应用的车辆自动化技术。它无法代表无人驾驶，但却是人类朝无人驾驶迈出的重要一步。ACC 不同于传统的定速巡航控制，在传统的巡航控制中，系统仅解除了驾驶员对加速踏板的控制（即缓解驾驶员的一些体力负荷），而 ACC 还解除了驾驶员对一些任务的决策工作，如决定制动或决定变道（即缓解驾驶员脑力负荷）。

与定速巡航控制一样，ACC 在不同控制模式之间切换：开启到关闭、开启到巡航、巡航到干预、干预到待机、待机到关闭。当本车跟随接近前车时，ACC 由巡航模式切换到跟随模式，在跟随模式下驾驶员可以不用刹车。如果前车驶离了配置有 ACC 车辆的车道，系统将恢复为巡航模式，驾驶员可以随意地在巡航和跟随模式间切换，图 5-16 为 ACC 状态转换模式图。

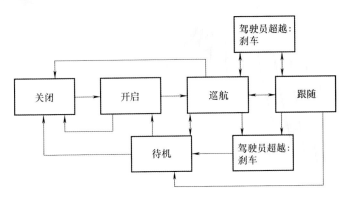

▲ 图 5-16　ACC 状态转换模式图

英国爱丁堡赫瑞瓦特大学的 Guy H. Walker 和南安普敦大学的 Neville A. Stanon 针对 ACC 对驾驶行为的影响进行了一项有趣的实验。平均年龄为 21 岁的 12 名被试（6 名男性、6 名女性）参与了这项研究，他们持有英国驾照平均时长为 3.4 年。

实验采用了次任务法，次任务法是一种工作负荷的测量方法，其基本原理是人的工作负荷与剩余能力成互补，工作负荷越重，剩余能力越小，如果能测量剩余能力，则可以测量工作负荷。让被试集中精力干某一件事（称为主任务），如果有剩余能力，则做第二件事，称为次任务，次任务业绩越好，说明主任务工作负荷越轻。此次实验在汽车驾驶模拟器上进行，主任务是安全驾驶，次任务是对左下角两个简笔人物方向进行判断，如图 5-17 所示。对次任务的参与和回应会占用被试本来用于安全驾

▲ 图 5-17　被试的道路视野、实验设备以及次任务

驶的注意力和工作资源，只有被试有剩余能力才能做到这一点。

实验分成 3 个测试项：在第 1 个测试项中，被试被要求沿着道路手动驾驶汽车，在安全的距离内跟随前车行驶，同时要求被试尽可能地关注次任务；在第 2 个测试项中，被试仍被要求维持测试项 1 中的跟车行驶，但在此基础上，要求他们一旦被前车拉开距离，必须激活 ACC，并在余下的路程内一直使用 ACC 完成跟车，同时要求只要条件允许就尽可能地参与次任务；在第 3 个测试项中，对被试的要求与测试项 2 完全一致，所不同的是当 ACC 模式下车辆加速与前车接近到一定程度后，ACC 会失效，但是不告知被试，如果被试不采取规避操作，本车将会与前车相撞。实验将记录 3 项测试中被试车辆在道路上的位置、与前车的距离、车速、加速踏板输入、制动踏板输入、次任务绩效等。

实验结果发现，手动驾驶和 ACC 模式下的次任务完成表现显示出了统计学上的显著性差异，在 ACC 模式下被试可以正确识别更多的次任务内容，这表明 ACC 的确可以有效降低驾驶者的工作负荷。

对比手动和 ACC 模式下的车辆位置、与前车距离和车速的数据，发现被试的行为没有统计学上的显著性差异，而手动驾驶和 ACC 模式下的加速踏板输入和制动踏板输入有显著性差异，这是由于 ACC 模拟的工作方式所引发的。这些统计学上的发现意味着手动驾驶和 ACC 驾驶对驾驶行为的影响可以忽略不计。

另外，在第 3 个测试项中发现，当 ACC 失效时，12 名被试中有 4 人没有恢复控制，与前车发生了碰撞；8 名被试做出了有效反应，其中 2 人采取了紧急变道，6 人在紧急变道时同时踩下了制动踏板。这说明虽然 ACC 提升了驾驶者的操作舒适度，使得驾驶更为便利，但它又会增加新的任务，即驾驶者不得不保持对 ACC 的监控以确保其正常工作。可见 ACC 在降低工作负荷的同时，也降低了分配该任务的注意力水平，然而在紧急情况下，驾驶者又可能面临着注意力资源需求爆炸式增长，这二者之间的矛盾就是我们经常所说的"自动化的讽刺"。

可见 ACC 运行中最大的未知数之一是驾驶员可能会失去对驾驶自主性的反应，由于 ACC 不能满足每一个潜在的交通场景，驾驶者必须清楚地了解 ACC 的运行模式以及必须要对自动驾驶进行干预的节点。现实的问题是，在 ACC 使用 20 多年后，问题不是驾驶者是否接受 ACC，而是可能会"过分信任依赖"它。

5.3.2　全自动驾驶带来的新变化

汽车全自动驾驶是主动安全技术的自然延伸。近年来，随着网络互联技术和人工智能与云计算技术的发展，车已不仅仅是一辆车，车辆联网已经开始将车作为信息网络中的节点，通过 5G 等无线通信手段，实现人、车、路及环境的协同交互，把"人—车—路—云"等交通参与要素有机地联系在一起，构建出全新的车路一体的智能网状大交通。车辆自身、车与车、车与周围交通环境的信息不断被输送到云平台，通过云计算规划后，再反馈到每辆车中，使车辆按照规定的路线行驶。这种基于云端路径规划的高度自动驾驶，不仅能提高驾驶效率，改善驾车体验，而且还能有效地降低安全风险。原握方向盘的双手，游离在离合、油门和刹车之间的双脚被彻底解放，人们可以尽情地享受一种全新的车内生活。

全自动驾驶的智能汽车将逐渐变成继手机之后一个新的移动终端，每辆汽车都可以通过自身或车内的移动设备连接网络。在车内这个相对独立的空间中，除了驾驶，人们还能和周边环境或网络进行信息传递与交互，如寻找车位与停车、加油或充电、汽车保养与维修、在线购物或订餐等。

在全自动驾驶车内，需要显示的信息将远远超过驾驶本身的信息，娱乐、资讯、社交等讯息会大量进入车辆内部。与此同时，显示信息的维度也出现复杂化的趋势。基于前方路况的自然信息显示、辅助驾驶信息显示、车内外信息显示、移动设备与车辆的整合显示等，都会成为多维度显示的内容。未来汽车的显示将不再局限于传统的仪表盘、中控台和后视镜等区域，任何物理设备和环境都有可能被嵌入显示装置，成为信息显示的媒介，图 5-18 和图 5-19 所示分别为威马汽车科技集团的智能侧窗交互系统和 WayRay 公司的增强现实平显概念导航系统。

▲　图 5-18　威马汽车科技集团的智能侧窗交互系统

▲　图 5-19　WayRay 公司的增强现实平显概念导航系统

未来汽车无处不在的显示最突出的特点是显示位置和显示方式的多样化。在诸多显示技术中，最可能出现重大突破的是平视显示（Head Up Display，HUD）。从人机交互的角度看，平视显示最大的优点在于，驾驶员可以在视线不离开前方路面的前提下，获得各类信息，有效地提高驾驶的安全性，被认为是未来最安全的显示方式之一。平视显示系统将导航、路况、车速等数据，可视化处理到汽车前挡风玻璃附近的位置，帮助驾驶员获取驾驶信息、辅助驾驶信息甚至娱乐信息。例如宝马集团的平视显示系统，已经在其多款汽车中被应用。

HUD究竟是否对提高驾驶安全有帮助，2008年格拉斯哥大学的学者进行了这样一个实验。实验针对常见的跟车设计了两种常见的驾驶场景，并在汽车驾驶模拟器上完成，如图5-20所示。在第一个场景中，有20辆车在遵守规则的人工智能驾驶下分布在直线道路上。场景开始时，被试的车辆被设置在两个车辆组的后面，这两个车辆组由具有不同速度特性的车辆组成。然后，在预定的时间，前方车辆突然刹车，迫使驾驶者刹车或进行规避操作。在被试成功绕过刹车组后，在500m的距离处，出现另一个刹车组，进一步挑战被试采取规避操作。

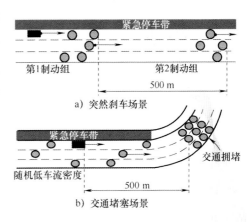

▲ 图5-20 有无平显的驾驶仿真场景

在任何一组刹车中发生碰撞，模拟器都将停止运行，并认为场景已完成。

在场景二中，交通堵塞发生在转弯处。与之前的设置相反，在这种情况下，被试应处于某种程度的警戒状态，因为他们应意识到，由于转弯处能见度有限，道路转弯本身就更危险，此时恰当的做法是刹车直至车辆完全停止。实验的自变量为不同的显示媒介，即分别为HUD和传统的仪表盘（俯视显示，Head Down Display，HDD），因变量为发生碰撞的次数。

实验结果如图 5-21 所示，可以看出，在这两种场景下，使用 HUD 能够显著减少碰撞次数。具体来说，当使用仪表盘时，90% 的被试在第一场景中发生了碰撞，37.5% 的被试在第二场景中发生了碰撞。当使用 HUD 时，碰撞急剧减少，分别只有 27.5% 和 5%。这些结果表明，HUD 比传统仪表盘更有效。

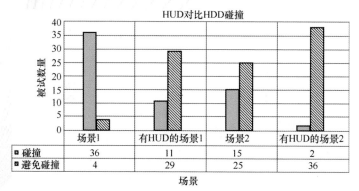

▲ 图 5-21 有无平视显示系统的碰撞统计

随着人机交互技术的快速发展，多通道融合交互的应用已经开始逐渐成为未来汽车交互技术的重要特征，为驾驶者创造全方位驾乘新体验。多通道的融合交互可以降低驾驶员的认知负荷，提高驾驶的安全性。例如，BMW 集团在第九届国际汽车用户界面与车载应用大会中提出：眼动交互、手势交互和语音交互在不同驾驶场景下，对用户的任务完成时间、感知舒适度和认知负荷有不同影响，提供多通道融合交互的方式，可以避免单一通道认知负荷过载。未来车内交互系统可以检测用户在不同场景下的驾驶状态，并提供合适的交互通道，打造更加自然的车内交互体验。

2017 年日本早稻田大学的学者针对高度自动化的车辆中不同的交互方式对驾驶者负荷的影响进行了研究。实验的自变量为不同的输入方

式，即触屏模式、手势模式、触觉模式和多模态用户界面（Multimodal
User Interface，MMI），因变量为输入错误次数、输入时间、不同输
入模式的信息量、不同路况下每种输入方式的使用率和 NASA-TLX
（National Aeronautics and Space Administration-Task Load Index，美国国
家宇航局任务负荷指数）主观工作负荷量表。实验在驾驶模拟器上进行，
如图 5-22 所示，该装置能模拟 L4 级自动驾驶，可以在感知道路类型、

速度限制、与其他车辆和
行人的距离的同时，自主
控制车辆速度与方向。在
关键时刻，车辆控制权大
于驾驶者的控制，可以采
取制动或停车措施来保证
安全。在没有驾驶者输入
的情况下，车辆保持 L4
级自动驾驶。

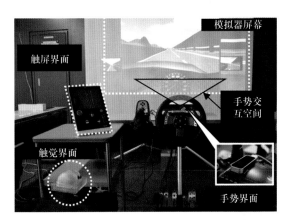

▲　图 5-22　驾驶模拟器中的多模态交互方式

　　驾驶场景由高速公路、城区、农村和停车场组成的 2 km 行驶路线，
每个交通场景区域都有其独特的交通条件以及触发事件来重现驾驶者
在现实世界中遇到的情况。

　　20 名被试在经过培训熟悉了模拟器、驾驶路线和交互方式后，
开始了正式实验。在实验中，依次让被试单独使用每种交互方式，最
后让被试使用多种交互方式。实验结果显示，在多模态驾驶环境中，
90% 的被试使用了两种或两种以上的输入方式，45% 的被试使用了三
种模式。这表明如果可用，驾驶者在不同的交通环境下倾向于使用不
同的交互方式。

　　为了确定驾驶者对于交互方式的选择问题，研究者对交互方式进行
了进一步的分析，如图 5-23 所示。在停车时，驾驶员使用触屏模式输

入的比例为77.5%，远高于手势模式（12.5%）和触觉模式（10%）；50%的并道也是使用触屏模式的。同时，对于纵向控制，触觉模式（86%）使用得最多，远高于手势模式（12%）和触屏模式（2%）。此外，60%的出口、51%的换道和50%的超车指令都是通过触觉模式发出的；对于横向控制，也是触觉模式（48%）使用得最多。

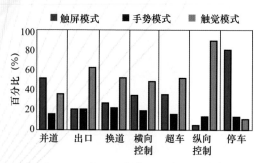

▲　图 5-23　交互方式在不同交通环境中的选择

图 5-24 显示了不同交互方式的输入平均错误率和平均输入时间。避免错误是 MMI 的固有特性。从图中可以看出，手势模式错误率为24.8%，而触觉模式的错误率为0.8%，触屏模式为0。MMI 的错误率为4.4%，其出现的所有错误均与手势模式有关。因此可以认为，MMI 整体上减小了其组件模式的输入误差。在平均时间上，触觉模式的平均时间为 0.96 s，明显低于手势模式。然而，使用 MMI 时，平均输入时间低于单独使用触屏模式和手势模式。

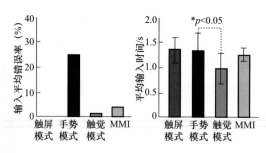

▲　图 5-24　不同交互方式的输入平均错误率和平均输入时间（p 是根据实际统计量计算出的显著性水平）

在主观负荷上，MMI 的总负荷明显低于单独使用任何一种方式的负荷，如图 5-25 所示。MMI 的心理负荷和挫折感也明显低于任一单一模式。此外，MMI 在体力负荷和努力程度上也明显低于手势模式和触觉模式。可以看到，多模态交互在车辆人机交互中具有显著的优势，能够更好地适应不同驾驶场景的需求。

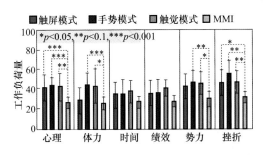

▲　图 5-25　不同交互方式输入的主观工作负荷

在全自动驾驶的基础上，未来的智能汽车不仅仅只是回应人们指令的工具，而且还能与用户进行交流和协作。"能理解，会思考"将使智能汽车能够胜任一些通常需要人类智能才能完成的复杂工作，能以更高效的方式帮助用户完成驾驶任务，并通过交流互动满足人们提出的多种需求，汽车将真正从一个机器变成一个有生命、有情感的伙伴。例如，2017 年丰田公司的 Concept-i 概念车搭载了 Yui 人工智能系统，它可以判断驾驶者的情绪，甚至和驾驶者聊天，还可以在用户的使用过程中逐渐了解他们的兴趣以及喜好，来做出相应的反应。

未来智能汽车作为一个智能体，不仅仅与车内的用户产生交互，还会和车外的周边交通的行人、其他智能汽车、交通基础设施等进行交互，它与周边车辆的互动不再只是通过鸣笛或车灯信号进行，而是可以通过多种形式和与之相遇的车辆进行交流。例如谷歌公司在 2015 年申请的一项"可与行人沟通"的无人驾驶技术专利中，提供了这样的解决方案：利用电子显示屏向周围的行人显示交通标志信号，同时发出诸如"安全行驶"的声音提醒，甚至通过安装电子眼或机械手臂的方式向行人示意它将怎样行驶。这种新的交互方式有助于形成良好的未来交通出行"礼仪"与规范，重构友好、有温度的情感交互关系。

6

人机共融——智能制造的未来

6.1 人机协作的基石——自动化信任

2018年10月29日当地时间6时20分，一架载有189名乘客和机组人员的印度尼西亚狮航JT610航班的波音737 MAX8客机，从雅加达苏加诺哈达国际机场飞往邦加勿里洞省槟港。飞机起飞13分钟后失联，随后被确认在西爪哇省加拉璜附近海域坠毁，机上人员全部遇难。5个月后的2019年3月10日，另一架载有157名乘客和机组人员的埃塞俄比亚航空公司（简称：埃航）波音737 MAX8客机也发生了同样的坠毁事件。两次空难使得波音737 MAX面临前所未有的信任危机，并拉开了该机型全球停飞、削减产量直至停产的序幕。

737 MAX的改进亮点之一就在于其不改变737传统机体结构的前提下，换装体积更大的发动机并改变发动机位置达到了高效节能的目标，但与此同时变更的飞机气动布局也留下了隐患。为应对737 MAX机型新的引擎吊装方式所带来的额外抬头力矩，波音公司在737 MAX 8机型上加入了一套辅助飞行员控制飞机仰角的系统，即机动特性增强系统（Maneuvering Characteristics Augmentation System，MCAS），如图6-1所示。当飞机仰角过大时，MCAS会自动改变飞机的配平以防止飞机因为仰角过大而失速。

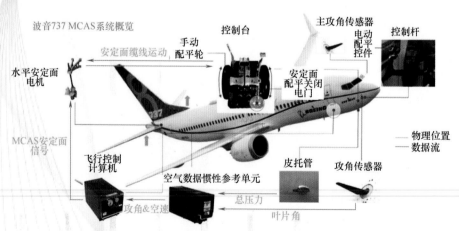

▲ 图6-1 波音737MAX机动特性增强系统示意图

2018 年的印尼狮航 JT610 空难调查显示，当时飞机空速数据发生错误导致启动 MCAS。由于机组人员训练不足，过度依赖和信任机载自动化系统，在 MCAS 异常时，未能及时判断问题所在，不能按照手册的指引关闭这一系统，最终导致了坠机事故的发生。埃航空难航班的飞行数据几乎与 JT610 航班表现相同，这引发世界对 MCAS 可靠性的担忧，也是做出最终停飞这一机型决定的依据。

飞机制造是一个系统工程，波音公司在不改变机体结构与气动布局的前提下，单独修改发动机设计，带来了一些潜在风险。为了化解这种风险而采取了自动化的措施，这种在起飞关键阶段的"程序补丁"，容易导致由于数据错误引发的误启动。由于在起飞阶段可安全利用的时间极短，这时迫使飞行员在紧急状态下进行切换操作极易引发事故。

波音 737MAX 接二连三的坠机事件让人不得不对现在的飞行安全产生疑虑：目前商用飞机在每次飞行时，飞行员操纵的时间仅 3~6 min，主要是在起飞和降落期间，其余时间均由自动化系统负责。人类越来越崇拜技术，尤其是自动化及人工智能，当过度依赖和信任人工智能的时候，发生技术故障的代价是巨大且无法掌控的。自动化系统具有稳定性，但也更具脆弱性，人类在与其交互过程中应该扮演什么样的角色，又该以何种程度信任、依赖自动化系统，这已经成为现在人机协作过程中迫切需要探讨的一个问题。

无人驾驶汽车、全自动运行地铁等自动化系统的出现，在降低作业者的体力负荷、提高系统的运行效率和可靠性的同时，也使人—机关系发生了深刻变化。自动化系统可以对人为操作进行监督与支持，降低人为风险，但同时人也是自动化系统的备份，是系统故障后安全的最后一道屏障。至今为止没有一种完全独立于人类的自治系统，在决策循环中总是会有人的参与。同时人的角色正在逐渐从系统的主要控制者转变为成员，与自动化共享控制，即自动化正在成为伙伴，而不是工具。

无论自动化系统的健壮性如何，它们都有可能在某些情况下达不到预期，这就需要操作者理解自动化，并在自动化系统失效时进行及时干预。人正确使用自动化系统的前提是，人与自动化系统可以相互理解对方的意图与行为，否则会影响系统整体效能的发挥。但随着自动化系统变得越来越复杂，完全理解自动化系统是不可能的。既然理解总是存在差距，缺乏客观地评估自动化系统的能力只能用信任来弥补。

　　信任是发展有效关系的关键因素，信任在人类合作中的重要性已经得到了广泛认可。自动化信任即人对自动化的信任，已经被确定为调节人员与自动化之间关系的关键因素，其作用方式与人类之间的信任相似。操作者的自动化信任水平与自动化的实际能力之间的匹配关系称为自动化信任校准。当自动化系统的能力与操作者的自动化信任水平不相称时，会发生对系统错误的停用或误用。例如 2009 年土耳其航空 TK1951 航班事故中，由于飞行员对自动化系统过度信任，当飞机的高度仪失效后飞行员未能及时检测到该故障，仍然使用自动驾驶系统，最终导致坠机事故发生；1997 年大韩航空 KE801 航班事件中，由于近地防撞系统过多的虚假告警，被工程人员修改了系统数据再用，结果导致了飞机在关岛坠毁。

　　由于自动化系统并非绝对可靠，人在不同环境中应该多大程度信任自动化系统成为复杂自动化系统设计中一个亟待关注的问题。自动化系统本质上意味着将人置于不确定和知识不完备的情景中，人对自动化不恰当的信任会对系统的有效性和安全性造成巨大损害。因此，为了充分实现自动化系统的潜力，使人与自动化组成的人机系统更加安全有效地工作，自动化信任问题应该与技术问题受到同样的重视。自动化信任的研究起源于 20 世纪 80 年代，一些学者注意到信任对自动化决策辅助系统使用的重要影响，开始展开了一系列相关研究。近年来，随着诸如机器人和自动驾驶汽车等自主系统的发展，自动化信任逐渐成为复杂自动化系统开发和集成中的一个焦点，已经受到越来越多人机交互领域学者的关注。

6.1.1 哪些因素会影响人机信任

了解影响自动化信任的因素对于预防不适当的信任是十分必要的。在人机协同控制过程中，不同的操作者通常具有不同水平的信任。究竟哪些因素会影响人机信任？大量的自动化信任实证研究揭示了自动化信任变化性的三个来源：操作者、自动化和环境，如图 6-2 所示。

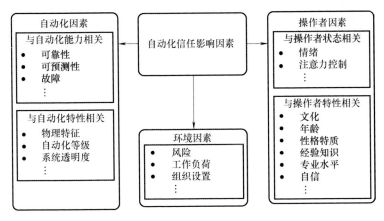

▲ 图 6-2 自动化信任影响因素

在自动化信任的研究中，研究者们很自然地将重点放在系统的自动化因素上。目前已经有一系列与自动化相关的信任影响因素被确定，它们主要分为两种类型：与自动化能力相关和与自动化特性相关。

与自动化能力相关的自动化信任影响因素主要有可靠性、可预测性、故障等。可靠性是指自动化系统功能的一致性。大量的证据表明，在各种任务环境下，高度可靠的系统会促进信任的增加，例如，始终表现良好的自动化比表现不佳的自动化更容易被信任。然而，自动化可靠性的增加可能会导致操作者监视行为的减少。可预测性是指自动化以符合操作者期望的方式执行的程度。当操作者可以依据使用自动化的经验来预测自动化的表现，那么他会持续信任自动化；当自动化出现操作者意料之外的反应时，操作者的信任水平可能会迅速下降，这通常会导致对自动化提供信息的不使用或忽视。故障是特定的系统事件，与自动化的整体可靠性无关。一般来说，系统故障对信任有负面影响，故障发生通常会导致信任急剧下降，即使在故障恢复后系统的表现是可靠的，信任的恢复也比较慢。系统故障对信任的影响也大于系统可靠运行，在系统故障之后，信任的恢复要缓慢得多，并且通常不会达到以前的水平。

与自动化特性相关的自动化信任影响因素主要有自动化的物理特征、自动化等级、系统透明度等。自动化的物理特征，如界面的拟人性会使操作者表现出更强的信任弹性，人们对被描述为专家系统的自动化的信任程度更高，但当系统出错时，这种信任可能会迅速降低。自动化等级可能会使自动化信任的发展和改变复杂化，自动化等级越高，操作者就越难理解，这可能会导致其信任水平降低；与自动化等级较高的系统相比，操作者可能会因为对自动化的控制程度较高而更倾向于信任等级较低的系统；在某些情况下，自适应自动化可以有效地解决涉及不同自动化水平的权衡问题。透明度是指自动化行为可以被理解和预测的程度，设计更加透明的系统可以更好地促进适当的信任和提高任务执行的绩效。例如，向操作者提供系统可靠性信息可以适当地提升信任水平；向操作者解释自动化故障发生的原因也可以提升其信任水平。

虽然目前的自动化信任影响因素对操作者因素的关注远不及自动化因素，但当自动化信任是一个以人为中心的结构，操作者因素被认为是最重要的自动化信任影响因素。与操作者状态相关的自动化信任影响因素主要有情绪、注意力控制等，情绪与信任发展之间可能存在直接的关系。积极的情绪可以显著增加信任水平，但可能导致过度依赖；与积极情绪相比，消极情绪的影响可能更大，它可能会导致信任水平下降及随后的停用。注意力控制水平通常取决于操作者的工作负荷，但可能受到动机、疲劳、压力或无聊情绪等的影响，与注意力控制水平较高的操作者相比，水平较低的操作者可能会更加依赖自动化，即使系统的可靠性较低。

与操作者特性相关的自动化信任影响因素主要有文化、年龄、性格特质、经验知识、专业水平、自信等。文化对人际信任具有显著影响，一些研究证实了文化也影响自动化信任，但很少有研究表明文化对自动化信任的具体影响。针对车辆自动化（如驾驶员预警系统）和决策辅助自动化（如药物管理系统）的研究表明，老年人比年轻人更信任自动化。然而，不同年龄的操作者或用户对自动化信任的评估策略可能有所不同，年龄对信任的具体影响可能会随着情境的不同而不同。

操作者的某些性格特质如内向或外向与其总体信任倾向高度相关，性格特质对信任倾向的影响在信任发展初期占主导地位。与信任倾向低的个体相比，信任倾向高的个体更可能信任可靠的系统，但随着自动化错误的出现，他们的信任水平可能会显著下降。操作者的总体信任倾向与其对特定系统的信任是不同的，性格特质对自动化信任的影响可能会随着自动化和任务的不同而变化。

对自动化的理解是影响信任的最重要的因素，其影响大于自动化的可靠性和能力，经验知识可以促进对自动化的理解，它对自动化信任的发展有着直接的影响。提高操作者的专业水平通常会有助于其自动化信任的发展。专业水平越高，操作者就越不可能依赖自动化。然而，较高的专业知识水平可能会削弱操作者与高可靠系统的交互时监控未预期状态的能力。

自信已经被证明是使用自动化的重要决定因素。自信在与控制分配相关的决策过程中发挥着重要的作用，早期研究提出了关于自信与信任的简单关系：当信任超过自信时，就会使用自动化，当自信超过信任时，就会使用手动控制。

环境因素通常复杂多变且大部分不可控。虽然环境因素在一般自动化应用方面研究较多，但与自动化信任相关的研究仍然较少。已有的研究表明，可能影响自动化信任的环境因素主要包括风险、工作负荷及组织设置等。

风险可能是影响自动化信任的最重要的环境因素之一，对自动化的依赖是由交互过程中固有的风险水平调节的。与低风险情况相比，一旦信任水平降低，操作者在高风险情况下重新使用自动化需要更长的时间。然而有关系统行为的预先信息可能会改变操作者对风险的看法，当操作者知道自动化何时以及可能会如何失败时，他们的信任不会减少。

工作负荷通过影响操作者监视自动化所需的时间和注意力来影响自动化信任。已经证实，工作负荷会影响自我报告信任和依赖行为，信任和依赖之间的正相关关系也会受到工作负荷的调节，当工作负荷很高时，无论信任水平如何，操作者都更依赖自动化。当多个操作者共同承担监视自动化的责任时，单个操作者的自动化信任形成过程可能不同；一个操作者或主管的意见和期望可能会影响其他操作者对自动化的态度。

6.1.2 探究人机信任的机制

为更系统有效地描述、研究自动化信任的变化规律，不少学者对自动化信任概念展开了由简单到复杂、由静态到动态、由开环到闭环并逐步精细化的模型研究，其中具有代表性的是 1994 年的 Muir 模型、2004 年的 Lee-See 模型和 2015 年的 Hoff & Bashir 模型。

早期对自动化信任的研究缘于人机功能的失配，Muir 认为自动化系统的开发并未考虑实际的工作需求，更多出于技术驱动而不是以人的任务目标为中心，为尽可能追求自动化性能而忽视人员状态。他在前人对人机信任研究的基础上，延展出了人—自动化信任的研究框架，认为信任的形成来源于三个方面：在自然和逻辑约束下的持久性、自动化经年累月展现出来的可靠性能，以及在道德上为他人优先着想的责任。随后，Muir 进行了过程控制仿真中信任与人工干预的实验研究，发现操作者的自动化信任与使用之间高度正相关。Muir 提出的模型是自动化信任研究领域的一个里程碑，它为计划、解释和整合自动化信任的研究提供了一个理论框架。

2004 年，Lee 和 See 基于理性行动理论考虑了影响信任的因素以及信任在调节对自动化的依赖中的角色，构建了一个以自动化信任为核心的环境、操作者、自动化系统关系模型，如图 6-3 所示。模型描述了自动化系统与信任的闭环交互过程：在初始的环境因素中，信念影响了信任态度的形成；通过将态度与具体情境结合，形成了对自动化系统的依赖意图；若自动化系统能力允许，该意图则进一步转化为对自动化系统的依赖行为以及对自动化系统的进一步信任；通过对自动化系统的使用，操作者感知并评估自动化系统的能力，反馈到对自动化系统的信念当中，将环境、人员、自动化系统闭环联系起来，而非单独依赖某一子维度的开环系统。该模型是自动化信任领域影响最为深远的模型之一，在此之后的自动化信任研究几乎都达成了这样一个共识：自动化

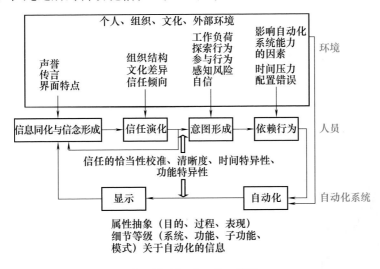

▲ 图 6-3 Lee-See 模型

信任取决于操作者、自动化和环境因素之间的动态交互。然而，由于信念、态度和意图之间的区别很难在实验环境中确定，所以该模型并没有被广泛用作实证研究。

2015 年，Hoff 和 Bashir 通过分析近年来影响自动化信任因素的实证研究，提出了一个综合已有知识的三层信任模型，如图 6-4 所示。由于自动化信任变化的三个来源分别为操作者、自动化和环境，他们将信任的复杂性归结为三个层次：倾向信任、情境信任和习得信任。倾向信任是操作者个体差异及其对自动化的长期信任倾向，与具体的情境或特定系统性能无关，在一定时间内保持相对稳定；情境信任则与具体的内外部因素具有强烈耦合关系，这些因素既影响对自动化的信任，也影响相关的自动化交互行为，其变化速度更快；习得信任来源于知识、经验以及对当前交互的实时评估，受到系统性能的影响，界面在此过程中可影响操作者对系统性能的感知而间接影响信任。在该模型中，倾向性、情境、最初习得信任的影响因素构建了初始信任，动态习得信任则在与自动化系统的交互过程中不断发展变化。这可能是目前最全面的自动化信任概念模型，它适用于一系列自动化系统和情况，为未来的自动化信任研究提供了一个非常有用的框架。

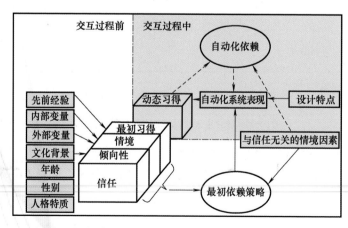

▲　图 6-4　Hoff & Bashir 全模型

目前，自动化信任概念模型正在从一般模型向针对性模型发展。在上述较为全面且影响深远的概念模型的基础上，一些研究者已经提出了建模自动化信任特殊方面的自动化信任概念模型以及与特定类型自动化相关的自动化信任概念模型。

理解自动化信任本身并不是自动化设计人员的最终目标，他们的最终目的是改进自动化设计从而消除其对人机协同控制效能的负面影响。因此，有学者已经提出了许多可以预测自动化信任水平或校准状态的定量计算模型来为自动化设计及部署阶段的改进工作提供指导依据。

自动化信任的计算模型可以根据不同的维度进行分类，如概率性和确定性模型、认知和神经模型等。从解决自动化开发各个阶段的自动化信任问题的角度出发，根据用于生成预测的输入数据种类将自动化信任计算模型分为两种类型：离线模型和在线模型，自动化信任计算模型总结如图 6-5 所示。

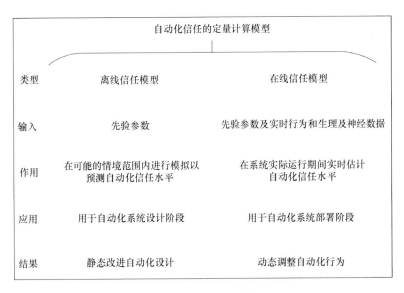

▲　图 6-5　自动化信任计算模型分类

离线信任模型使用一组先验设置的参数作为输入来生成预测。这类模型通常基于反馈循环，在给定时刻根据系统的变量值确定下一时刻的人机系统状态，包括信任水平、对自动化的依赖程度以及任务绩效等。研究者们已经提出了许多离线信任模型。

许多早期模型都属于离线模型，例如，Lee 等使用时间序列分析方法来建模自动化系统故障对操作者信任动态的影响。该模型将故障发生情况以及自动化和操作者的绩效作为输入，通过构建的信任传递函数来预测操作者的自动化信任水平，其表现为手动控制和自动控制的选择。Gao 等扩展了决策场理论来描述在监督控制情况下操作者依赖自动化的多重连续决策，建立了自动化信任和依赖的 EDFT 模型（Extended Decision Field Theory，EDFT），该模型将操作者的自动化信任、自信的初始水平以及自动化和操作者能力作为输入，信任和自信则分别根据随时间感知的自动化和人类绩效而变化，然后利用信任和自信之间的差距来估计依赖于自动化的决策，该决策决定了下一时刻任务是由操作者手动完成还是由自动化系统自动完成。

然而，早期离线模型对自动化信任动态的描述并不全面，例如，自动控制和手动控制的简单描述并不适用于许多复杂自动化系统。最近一些研究者提出了更加全面的离线信任模型。例如，Akash 等在现有的心理学文献的基础上确定了信任与经验直接相关，并利用灰箱系统辨识技术，基于 500 多名被试的行为数据建立了较为简单且适用于反馈控制系统的三阶线性自动化信任模型，该模型将经验和期望偏差作为输入，而模型输出则是信任及累积信任水平。它可以很好地捕捉自动化信任的复杂动态，描述不同人口统计特征之间信任行为的差异。随后，Hu 等在此模型的基础上引入更多参数构建了二阶线性自动化信任模型，并使用大量人类受试者数据对模型进行参数化，该模型可以更准确地捕捉自动化信任的复杂动态。

由于离线信任模型能够仅基于一组初始参数生成预测，它们可以被用于在自动化系统尚未投入运行时预测被建模系统的行为，因此它们自然地适合被用于自动化系统开发的设计阶段。离线模型适用于评估不同初始条件下的绩效趋势和总体绩效，帮助研究人员获得对不同因素如何相互作用以决定人类行为的更加深入的了解。

与离线模型不同，在线模型除了使用一些先验设置的参数值之外，还利用系统运行过程中观察到的数据生成基于情境证据的预测，因此，它们可以被用于实时估计信任水平。事实上，大多数现有的自动化信任计算模型都属于在线模型。

一些研究者根据操作者行为数据来构建在线信任模型。例如，Xu 等建立了 OPTIMo 模型，该模型基于行为数据和任务性能使用动态贝叶斯网络来推断操作者的实时信任状态，并且模型可以针对每个操作者进行训练，从而对操作者的行为和态度进行可解释和个性化的描述。相比于以往模型，它在预测精度和响应能力上都有了很大的进步。Akash 等在操作者与自动化决策辅助系统交互的背景下，建立了一个部分可观察的马尔可夫决策过程（Partially Observable Markov Decision Process，POMDP）模型来描述人的自动化信任和工作负荷的动态变化，利用被试者数据来估计 POMDP 模型的转换和观察概率，研究系统透明度和操作者的经验对人的自动化信任和工作负荷的影响。后来，他们将自动化信任—工作负荷 POMDP 模型的直观奖励函数集成到研究框架中，用于评估操作者的自动化信任和工作负荷，这个模型可以帮助制订出近乎最优的控制策略，通过改变自动化系统透明度来实现人机协作绩效的改善。

另外一些研究者则使用操作者的生理及神经数据来构建在线信任模型。例如，Hu 等采用五种机器学习分类算法将连续的脑电图和皮肤电反应数据分类到不同的自动化信任水平，推导出多个自动化信任模型，这些模型的平均准确率为 71.57%，证明了心理生理学测量可以实时感知自动化信任水平。随后，在此基础上，Hu 等还进一步提出了另外两种方法来开发基于分类算法的自动化信任传感器模型：第一种方法是考虑一组常见的心理生理特征作为输入变量，并使用该特征集训练得到一个通用自动化信任传感器模型；第二种方法是考虑为每个个体定制一个特征集，并使用该特征集训练得到一个个性化的自动化信任传感器模型。虽然个性化模型测量自动化信任水平的性能优于通用模型，但训练个性化模型需要更长的时间，因此这两种方法的选择需要权衡模型的训练时间和性能。

最近，有学者同时使用操作者的行为、生理及神经数据构建信任在线模型，取得了更高的准确率。例如，Akash 等在使用生理及神经数据构建的在线信任模型的基础上，提出了一种自适应概率分类算法。该算法使用马尔可夫决策过程来模拟先验概率，采用自适应贝叶斯二次判别分类器模拟条件概率，以脑电和行为数据为基础，实现了自动化信任的实时测量，并证明了模型的有效性。该分类算法的准确率明显高于其他未考虑过程时间动态的分类算法。

自动化信任的在线计算模型使用可用的实时数据来提供信任水平的估计，该模型可用于自动化系统部署阶段，依据实时信任结果通过调整自动化行为、自动化透明度以及用于交互的自动化等级来改善操作者行为，提高任务绩效。

我们正在进入智能时代。其中，以人工智能（Artificial Intelligence，AI）技术为核心的智能自动化系统飞速发展，并在航空航天、武器装备、交通运输、核电等领域得到广泛应用，这使得人机关系从人控制自动化机器转变为人与自动化机器成为合作伙伴共享控制权，人机协同成为目前及未来人机交互的主要形式。人机协同中的人机合作关系使得自动化信任问题成为危害人机协同控制安全性及效能发挥的瓶颈。在人机系统设计中考虑自动化信任校准问题有助于改进系统设计从而消除其对人机协同控制的负面影响。

但目前，自动化信任定量计算模型的研究成果主要是针对特定自动化对象及任务情境，现有计算模型具有高度的情境及对象依赖性，它们在真实情景中的应用具有很大的局限性。建立可实际应用的、准确可靠的自动化信任量化模型仍然相当有难度。

6.1.3 透过人机交互的窗口看信任

除了通过定量计算模型来预测自动化信任水平，获得信任水平的另一种途径就是借助某种手段及工具发展测量方法来量化信任。然而，自动化信任是一种纯粹的心理结构，对自动化信任进行测量是非常困难的。目前对自动化信任的测量主要是通过人与系统的交互窗口，从人的主观评价、行为表现及生理反应三个方面进行测量。因此测量方法主要有：自我报告测量、行为测量和生理及神经测量。

自我报告测量是唯一一种可以直接评估自动化信任水平的方法。自动化信任的自我报告量表往往由 1~10 个量表项组成，量表的范围通常从"根本不（信任）"到"完全（信任）"。量表通常采用奇数项，这允许被试报告中立的信任水平。目前，最常用的主观验证量表是 Jian 等开发的 7 分制 12 项量表，见表 6-1。该量表旨在衡量对自动化的总体信任程度，具有良好的内部效度。另外，针对不同的研究对象，有学者开发了适用于不同研究目的的主观量表，例如 Mayer 等的信任倾向量表、Lee 等的主观评分量表、Madsen 等的人机信任量表、Chien 等的跨文化自动化信任量表以及针对自动驾驶汽车和机器人等的自动化信任量表。

自我报告测量方法易于使用，如果研究者正确构建了问卷或量表，那么该方法可以有效地反映操作者的自动化信任水平。然而，由于该方法对交互作业具有干扰性并且难以实时捕获自动化信任的动态变化，它在实际环境中的应用受到很大限制。此外，该方法具有不可避免的缺陷，即被试可能无法或不愿意准确地报告他们的真实态度，并且操作者无法描述隐性态度对其信任水平的影响，同时不同量表的研究结果之间难以比较。

表 6-1　2000 年由 Jian 提出并被众多自动化信任研究广泛采用的 12 项量表

序号	量表项	评分（1~7）
1	The system is deceptive. 该系统具有欺骗性	
2	The system behaves in an underhanded manner. 该系统的行为不合常规	
3	I am suspicious of the system's intent，action，or outputs. 我对该系统的意图、行动或输出感到怀疑	
4	I am wary of the system. 我对该系统保持警惕	
5	The system's actions will have a harmful or injurious outcome. 该系统的动作将产生有害结果	
6	I am confident in the system. 我对该系统充满信心	
7	The system provides security. 该系统提供安全保障	
8	The system has integrity. 该系统具有完整性	
9	The system is dependable. 该系统是可依靠的	
10	The system is reliable. 该系统是可靠而不出错的	
11	I can trust the system. 我可以信任该系统	
12	I am familiar with the system. 我对该系统很熟悉	

为了弥补自我报告测量的缺陷，一些研究者开始从可见的行为中来推断自动化信任水平。使用行为度量自动化信任主要是依据遵从和依赖的概念，即当操作者更倾向于遵从或依赖系统时，其自动化信任水平较高，反之则较低。遵从是指当自动化系统发出信号时，操作者做出响应；依赖则是指当系统处于沉默状态或正常运行状态时，操作者不响应。

常见的与自动化信任相关的可测量的行为有：

（1）手动 / 自动选择　比较操作者手动作业或交由自动化系统完

成作业的作业量 / 工作时长。

（2）自动化等级　当操作者选择由自动化系统完成作业时，其选择的系统自动化等级。

（3）反应时间　操作者应对异常情况时的速度，较高的自动化信任在应对异常情境时往往需要更长的反应时间，同时也意味着更高的灾害发生可能性。

（4）依赖行为　指操作者直接接受系统给出的操作建议的行为，或使系统处于完全系统自我管理的状态。

（5）遵从行为　指操作者撤销手动操作时的决策，转而遵从自动化系统决策的行为。

（6）自动化惊吓　操作者由于不理解自动化动作导致的不适现象。

行为测量的优势在于提供了一种潜在的、更一致的度量信任的手段，它为自动化信任的建模和预测奠定了基础，但其在检验信任的具体影响效应时，往往很难将工作负荷、压力或疲劳等其他因素对行为的影响区分开来。因此，在使用行为测量信任时，研究者需要通过更精确地定义行为的结构，以避免其他因素的影响。图 6-6 是卡内基梅隆大

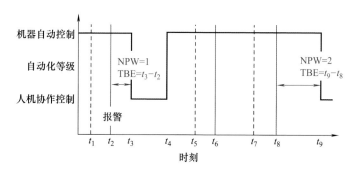

图 6-6　操作者主动响应事件的频率与其信任程度

NPW：Number of Prior Warnings，在人员改变自动化等级前，收到的报警数量，数量越多对自动化系统的信任越高。

TBE：Time Between Events，报警 / 自动化等级变换的时间间隔，间隔越短越容易引起人员的不信任心理。

学的学者研究用操作者主动响应事件的频率来反映其信任程度，纵轴表示机器自动控制和人机协作控制两种自动化等级，横轴为 t_1~t_9 时刻。t_2、t_6 和 t_8 时刻出现了报警，被试在改变控制状态前容忍的报警数量越多，表明其对系统自动化信任程度越高；从报警出现到被试改变系统自动化等级的时间间隔越短，表明人对系统自动化信任程度越低。

　　生理及神经测量旨在通过测量与自动化信任相关的生理及神经指标来对其进行实时测量。由于这种测量方法具有较高的准确性和时间空间精度，它在获取自动化信任的实时动态变化方面非常有效，因此引起了越来越多学者的关注。

　　目前已被证明非常具有潜力的自动化信任生理及神经测量方法主要使用眼动追踪、脑电图（Electroencephalogram，EEG）以及皮肤电活动（Electrodermal Activity，EDA）等测量技术，具体见表 6-2。

表 6-2　主要的生理及神经测量方法及其依据

测量方法	方法依据
通过眼动追踪捕获操作者的凝视行为来对自动化信任进行持续测量	监视行为等显性行为与主观自动化信任的联系更加紧密。虽然关于自动化信任与监视行为的实验证据并不是单一的，但大多数实证研究表明，自动化信任主观评分与操作者监视频率之间存在显著的负相关关系。表征操作者监视程度的凝视行为可以为实时自动化信任测量提供可靠信息
利用 EEG 信号的图像特征来检测操作者的自动化信任状态	许多研究检验了人际信任的神经关联，使用神经成像工具检验自动化信任的神经关联是可行的。EEG 比其他工具（如功能性磁共振成像）具有更好的时间动态性，在脑—机接口设计中使用 EEG 图像模式来识别用户认知和情感状态已经具有良好的准确性。自动化信任是一种认知结构，利用 EEG 信号的图像特征来检测操作者的自动化信任校准是可行的，并且已经取得了较高的准确性
通过 EDA 水平推断自动化信任水平	已有研究表明，较低的自动化信任水平可能与较高的 EDA 水平相关。将该方法与其他生理及神经测量方法结合使用比单独使用某种方法的自动化信任测量准确度更高，例如将 EDA 与眼动追踪或 EEG 结合使用

例如，2016 年宝马公司慕尼黑研究中心和克姆尼茨理工大学联合研究发现，司机在与自动驾驶汽车的交互中，越信任车辆的自动驾驶行为，对其监控的频次呈反相关下降趋势，如图 6-7 所示，并且与驾驶无关的行为会随之增加。而在另一项由乔治梅森大学和美国空军的合作研究中，被试虽然被告知"当前系统由资深程序员开发"从而建立较高的初始信任水平，但他们的脑电指标还是受到系统准确率等实际系统绩效的影响，在 90% 和 60% 两个准确率水平上存在显著差异，如图 6-8

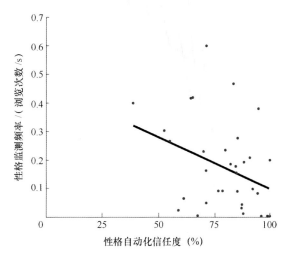

▲ 图 6-7 信任倾向与分心注视行为关系研究

所示。这些研究为利用生理及神经方法对自动化信任进行测量和应用开拓了新的思路。

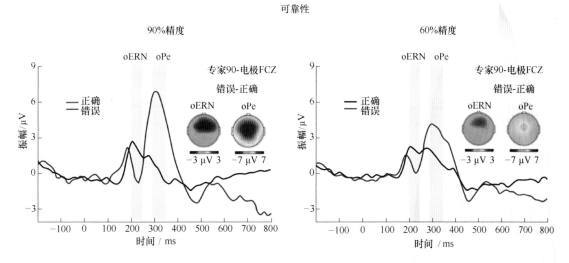

▲ 图 6-8 不同系统可靠性诱发下的脑电信号差异

此外，还有学者探索了其他可以用于自动化信任测量的生理及神经指标或技术，包括外源性催产素、面部表情、声音、心率以及功能性磁共振成像等。由于这些方法具备连续实时的特点，因此如眼动追踪、EEG 及 EDA 等自动化信任的生理及神经测量方法具有一定的应用前景。但目前的研究尚不能充分划清是信任还是工作负荷、压力或疲劳等其他因素，对上述生理及神经指标产生了影响。因此，研究者们通常将多个生理及神经指标相结合并且使用自我报告测量和行为测量方法来校准和验证生理及神经测量的结果。

自动化信任是更好地实现人机协同控制的关键，它已经成为复杂人机系统开发中的焦点问题。自动化信任的研究起源于 20 世纪 80 年代，近 10 年以来，自动化信任的研究和应用领域迅速扩大。在军事领域，自动化信任问题尤为突出，因为军事环境产生了最高形式的风险、脆弱性和不确定性。与此同时，高风险和高节奏的情境对军事指挥和控制人员的精神和身体要求非常高，他们经常处于极度不适和疲劳的状态，需要高度依赖自动化系统完成团队任务，错误使用自动化系统的代价可能是致命的。因此，随着武器装备智能化、无人化趋势日趋明显，军事领域对自动化信任问题越来越关注。

在医疗领域，由于辅助决策自动化系统如报警系统和建议系统被大量使用来提高决策效率，对这些决策支持系统的不当信任很可能会导致医护人员做出错误的决策，造成严重的医疗事故。因此，为了保证相关操作人员对决策支持系统保持合适的信任，大量研究者在医疗背景下展开了与决策支持系统相关的自动化信任研究。

与交通运输相关的自动化信任研究主要集中在航空领域和汽车领域。在航空领域，长期以来，飞行员、空中交通管制员或其他操作人员的自满和对自动化系统的过度依赖所导致的自动化误用一直被认为是造成航空事故的主要因素，这些事故具有严重的经济后果和安全后果。而许多实证研究表明，自满和依赖与过度的自动化信任密切相关，因此，为了保证航空事业安全健康的发展，航空领域率先开展了自动化信任相关研究。近年来，随着软硬件平台、人工智能和传感器技术等的进步，自动驾驶技术得到飞速的发展，汽车制造商如特斯拉等已经制造出了商用的半自动和全自动驾驶汽车。然而，在全世界推广自动驾驶汽车的一个主要挑战是，消费者对自动驾驶汽车高度不信任。驾驶员的自动化信任对于接受和正确使用自动驾驶汽车至关重要，因此，以自动驾驶汽车为研究对象的自动化信任研究正在急速增长。

6.2 意念控制从幻想走进现实：脑机接口

1963 年，英国 Burden 神经研究所的 Grey Walter 医生用当时非常前沿的脑电技术和他的病人开了个"玩笑"。癫痫病人因为需要确定脑内病灶做了手术，并在脑内贴近大脑皮层处放了电极，这可以获取非常清晰的神经活动。这样做虽然不能记录单个神经细胞的放电，但能记录下电极周围神经细胞共同活动的场电位。这些病人会带着电极在医院生活一至两周。Walter 医生突发奇想，在病人欣赏风光幻灯片的时候，偷偷把脑电电极连接到了自己发明的"电位转换器"上，把病人大脑运动皮层的场电位信号转换成了幻灯机换片的控制信号。于是"心想事成"的奇迹发生了：病人每次打算换片，但还没有按动按钮时，幻灯机就已经知道了他的想法，实现了自动切换！这可以算是科学家最早尝试脑机接口的研究，也是脑机接口技术第一次完整实现了"意念控制"。

2020 年 4 月，巴特尔研究中心和俄亥俄州立大学微克斯纳医学中心的一组研究人员在《细胞》杂志上发表文章称，他们通过使用脑机接口（Brain-Computer Interface，BCI）系统，恢复了脊髓严重损伤人员的手部知觉，如图 6-9 所示。研究的参与者 Ian Burkhart 是一位 28 岁男子，他在 2010 年的一次潜水事故中脊髓受伤。自 2014 年以来，Burkhart 一直在与调查人员合作一个名为 NeuroLife 的项目，旨在恢复他右臂的功能。研究组成员开发的设备通过皮肤上的电极系统和植入他运动皮层的微型计算机芯片进行工作，该装置可以通过有线方式，绕过受损的脊髓神经，将运动信号直接从大脑传递到肌肉，通过人工知觉反馈增强后，再传递回参与者，从而让 Burkhart 可以充分控制自己的手臂和手，比如拿起咖啡杯（图 6-10）、刷信用卡和玩吉他游戏。

▲　图 6-9　瘫痪男子恢复手臂知觉　　　▲　图 6-10　瘫痪男子用手拿起咖啡杯

6.2.1　推动脑机接口发展的动力

只需一根线缆，无须任何笔墨甚至不用动手敲击键盘，就能快速地撰写出一篇美妙的文章；不需任何接口性质的设备，就能控制机器的运转；不用任何文字或语言交流，就能互相准确地读懂对方的用意。这些原本只可能存在于科幻片中的画面，再也不会是天马行空的幻想，通过脑机接口技术，这些"幻想"将逐一走进现实。BCI 是在人脑或动物脑（或者脑细胞的培养物）与计算机或其他电子设备之间建立的不依赖于常规大脑信息输出通路（外周神经和肌肉组织）的一种全新通信和控制技术，也就是建立了人或动物的大脑与外部设备间的直接连接通路，其目的是实现脑与外部设备的直接交互。

从本节开头所列举的两个事例可以发现，脑机接口不仅能够实现脑与外部设备的互通，还能够修复残障人士的机能损伤，且从第一次非正式的脑机接口实验中的"意念控制"到最新的研究成果实现了残疾人的知觉恢复，脑机接口技术的发展仅花费了不到 60 年的时间。科技的进步往往离不开实际应用的需求和先进的技术支持，那下面就让我们来看一下需求与技术是如何共同推动脑机接口迅速发展的。

脑机接口这一概念是计算机科学家 Jacques J. Vidal 在 20 世纪 70 年代提出的，最初目的是帮助四肢残疾和脊髓受损的人实现重新行走和交流，造福更多的患者从而提高他们的生活质量。当代杰出的理论物理学家——斯蒂芬·霍金就是那个时期对于自主行走和顺畅交流需求最迫切的人之一。虽然霍金在他 21 岁那年就被诊断为肌萎缩性侧索硬化症，但他不断求索的科学精神让他给世人留下了科学与精神遗产。他这一路走来是如何向我们传递他丰硕的科研成果的呢？

- "眉目传情"：拼写板是霍金的第一套交流工具。为了拼写单词，霍金需要先通过眼神选定字母所在的区域，再以同样的方式选出字母的颜色，最后挑挑眉毛表示确认，而这套工具需要双方的默契配合，较长的单词更是得耗上好几分钟，麻烦至极。

- "指尖传意"：物理学家马丁·金用自己研发的 Equalizer 程序帮助了霍金。显示器光标会在屏幕上一行行地扫过，经过所需的字母或词语时，霍金按下按钮给电脑一个确认指令便能实现输入。在霍金还有三根手指可以运动的时期，这套系统的使用不成问题。

- "用脸说话"：2005 年，霍金只有一根手指可以活动了，到 2008 年更是仅剩下右脸的一块肌肉可活动。霍金的研究生助理设计了具有红外线检测功能的 "Cheek Switch" 装置，安装在霍金眼镜上，于是霍金就以脸部肌肉代替手指，继续与外界交流，屏幕上就会依次出现 6 个字母，再以肌肉运动选择字母，拼写单词。

- "智能输入"：2011 年，霍金的面部肌肉也开始退化，无法精准地控制，常常陷入选错单词的困境，"说话"速度也从每分钟五六个单词大幅度下降到每分钟一个单词。为了解决输入效率过低的问题，针对残障人士开发的交互系统工具包 ACAT 应运而生，智能输入法诞生。

霍金的病情发展史，也是现代科技发展的见证，科技的发展让霍金得以与世界对话、交谈，也让世界听见了霍金的声音。虽然霍金最终并没有实现使用意念的表达，但诸如霍金一样的高度瘫痪病人的表达和行动需求推动了脑机接口的迅速发展。

当然有了迫切的需求，自然还需要足够的技术支撑，20 世纪 20 年代，一位名叫汉斯·伯杰的德国科学家首次证明了人类大脑会不断产生电流，这些电流反映了大脑的活动，并能够通过附在头皮上的电极被测量到，于是脑电的概念于 1929 年诞生了。脑电已被证实是神经科学研究中一个极为关键的工具，特别是用来研究认知功能及其神经相关物，以理解或诊断神经病理学。随着脑电的发展，大脑活动可以作为信息的交流渠道或载体的想法也迅速出现。

但解读大脑的过程并不是仅仅记录并测量就够的，脑电信号是一种不具备各态历经性的非平稳随机信号，其背景噪声很强。噪声干扰来自于环境的噪声，例如从电线或其他电器设备产生的电磁噪声；源自人类自身的活动，例如肌肉运动产生的肌电，眼球转动产生的眼电，心脏跳动产生的心电等；以及脑电测量硬件设备例如电极不稳定，放大器噪声等。显然在这种情况下，所测量到的信号很可能是由肌电等其他信号伪装成的脑电信号，那研究结果反映的就会是颅肌控制，而非脑信号的控制。为了避免非脑信号的噪声干扰，基于脑电的脑机接口研究需要采用诸如傅里叶变换、时频解码、正交变换、逆滤波等方法将脑电信号进行转换、去噪、滤波、特征提取等一系列操作，从而使得人们对于大脑电信号的解读逐渐精确。近些年，以深度学习为代表的新一代机器学习方法的快速发展与广泛应用，为大脑数据的解析又提供了强有力的帮助，在很大程度上促进了脑机解码技术的进一步发展。本书接下来就针对大脑信号是如何被测量并解读的展开具体讲述。

6.2.2 聆听神经元的交响乐：测量并解读大脑

脑机接口系统首先需要一个神经成像或神经生理学设备来获取大脑电信号并将其传输给计算机，通过对这些信号进行分析，提取反映使用者意图的信号特征，并将特征转换为操作设备应用程序的命令，从而达到让控制设备可以替代、辅助替换、恢复或增强人的能力的目的。因此，一个典型的脑机接口系统应包含信号采集、特征提取与功能翻译、控制和反馈4个环节，如图6-11所示。

1.脑机接口范式

脑机接口研究和应用的进展在很大程度上依赖于一个成功范式的实现。脑机接口系统的一大用途是建立与外部环境的通信网络，这要求研发者应能在不让被试者感到疲劳或疲倦的情况下，自愿或非自愿地进行心理或控制任务，并要求在对被试进行简单解释的情况下就能易于使用，且便于将脑电数据映射到应用程序。为了确保这一前提，合理的范式设计成为脑机接口研发的关键之一。下面主要介绍两种常见的用于开发脑机接口系统的脑电信号：P300和稳态视觉诱发电位（Steady-State Visual Evoked Potentials，SSVEP）。

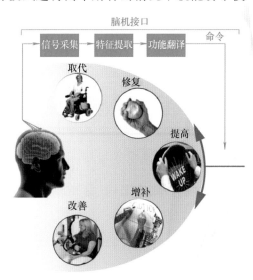

▲ 图6-11 脑机接口系统

（1）P300

在自然状态下检测到的脑电信号被称为自发脑电，被特定刺激所诱发的电位则称为事件相关电位（Event-Related Potential，ERP）。P300就是最经典的一种事件相关电位，它是在视觉受到外界特殊刺激时会出现的一个脑电信号波峰。诱发P300的特定事件称为Oddball实验范式（小概率刺激范式），是以随机顺序对同一感觉通道（如视觉等）施加两种呈现概率不同的刺激（如85%和15%）。对于被试来说，小概率刺激的出现具有偶然性，实验任务要求被试关注小概率刺激并尽快做出反应。小概率事件则构成了新异刺激，能够在额叶引起较明显的高幅值正波，其潜伏期在250~500 ms之间，称为P300波，如图6-12所示。事件发生的概率越小，P300的峰值也就越高。

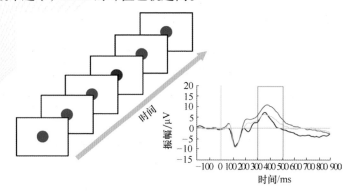

▲ 图6-12 Oddball范式及P300

一个较经典的使用P300开发脑机接口的范式是由Farwell和Donchin于1988年提出的。该实验让被试位于计算机前，在屏幕上给出的Oddball刺激序列为6行6列的字符矩阵排列，如图6-13所示，称为行列刺激范式（Row/Column

A	B	C	D	E	F
G	H	I	J	K	L
M	N	O	P	Q	R
S	T	U	V	W	X
Y	Z	0	1	2	3
4	5	6	7	8	9

▲ 图6-13 脑机接口RCP范式

Paradigm，RCP）。通过随机加亮字符矩阵的某一行或某一列来产生刺激，一次实验循环将 6 行及 6 列均加亮一次。实验要求被试集中注意力，关注提前规定好的字符，当他所关注的字符所在的行或列加亮时，需要对此进行反应，并加以计数。关注字母加亮刺激的出现可以诱发 P300，如果确定 P300 出现时刻对应的靶刺激（属于哪一行哪一列）出现的时刻，便可以确定出被试所注视的字符，从而达到交流的目的。之后，研究人员还通过引入新的闪烁方式、颜色、基于区域的布局形式等对此范式加以改进，陆续提出了基于区域的范式（Region-based Paradigm，RBP）和棋盘范式（Checkerboard Paradigm，CBP）等，如图 6-14 和图 6-15 所示。将 P300 电位应用于脑机接口的好处在于被试不需要进行特殊训练即可诱发出 P300 电位，且由于其延迟时间很短，因此实验耗费时间也较少。

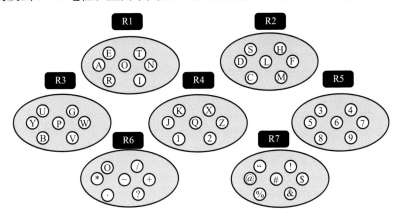

▲ 图 6-14 脑机接口 RBP 范式

▶ 图 6-15 脑机接口 CBP 范式

A	B	C	D	E	F	G	H
I	J	K	L	M	N	O	P
Q	R	S	T	U	V	W	X
Y	Z	Sp	1	2	3	4	5
6	7	8	9	0		Ret	Bs
?	,	;	\	/	+	−	Alt
Ctrl	=	Del	Home	UpAw	End	PgUp	Shift
Save	'	F2	LfAw	DnAw	RtAw	PgDn	Pause
Caps	F5	Tab	EC	Esc	email	!	Sleep

（2）SSVEP

SSVEP 全称为稳态视觉诱发电位，是脑机接口系统经常使用的另一种在视觉皮层区域测量的脑电信号，通过以固定频率的闪烁刺激诱发。视觉刺激源包括光刺激源、图形刺激源以及模式翻转刺激源等。当人眼受到固定频率超过 4 Hz 的视觉刺激时，大脑皮质活动将被调节，导致类似于刺激的周期性节律，即产生稳态视觉诱发电位，主要出现在大脑皮层枕区。因此，基于 SSVEP 的脑机接口系统可以通过在视觉皮层寻找特定频率的 SSVEP 活动来确定哪个刺激占用了用户的注意力，从而检测目标指令，如图 6-16 所示。

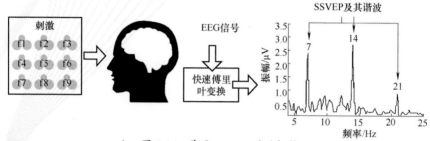

▲　图 6-16　基于 SSVEP 的脑机接口

与基于其他类型的脑机接口系统相比，由于 SSVEP 信号的信噪比高、信号集中且方便采集，基于 SSVEP 信号的脑机接口系统具有更高的分类准确率和更快的信息传输速率，且具有需要较少或不需要训练时间、使用较少的脑电通道数等优点。然而由于屏幕显示器固有刷新率的问题，当使用屏幕显示器呈现闪烁刺激块时，可调节的频率有限，使得增加更多的目标数存在一定困难。且闪烁的刺激使一些使用者感到烦躁不适，容易造成眼睛疲劳，虽然通过提高闪烁频率可以减少这种烦躁感，使被试更舒适，但随着频率的升高，谐振强度减弱，SSVEP 也更难被检测。

2. 大脑的测量：信号采集

一般根据获取反映大脑活动电信号的部位（从头皮、皮层表面或大脑内部），可将脑电信号采集方法分为侵入式和非侵入式两类。

非侵入式的采集技术是将传感器置于人的皮肤上，如头皮或整个头盖骨周围。EEG便是一种最常见的通过放置在头皮上的表面电极来测量大脑电活动的非侵入式采集技术。由于它成本较低且已开发有便携的设备，已成为当前研究中最受欢迎的脑机接口技术之一，如图6-17所示。我们的大脑是个极其复杂的系统，拥有数十亿个神经元细胞，所产生的任何认知与思维都不是单个神经元细胞的作用结果，而是分布在各个脑区的多神经元群体相互作用的产物。因此脑电设备所采集与记录的不是某一点的电位，而是脑细胞群体自发性、节律性的电活动。脑电图具有很高的时间分辨率，但并不能提供关于大脑信号激活位置的高空间质量信息，即空间分辨率较低。

脑磁图（Magnetoencephalography，MEG）是一种非侵入式测量大脑神经元活动所产生磁场的记录技术，如图6-18所示。神经元产生电流时，一个极小磁场随之出现，然而磁场同样无法仅从单个神经元的激活中探测到，当大量神经元同时放电时便会产生一个较大且易探测的磁场。尽管脑磁图具有更好的空间及时间分辨率，但由于其需要高度灵敏的仪器和精密的测量方法，例如用于消除环境磁干扰的磁屏蔽室，使得成本较高，操作难度大，因此在脑机接口研究中的应用较少。

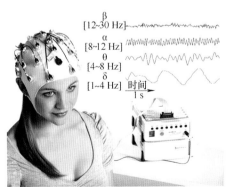

▲ 图6-17 便携式脑电图设备

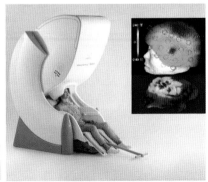

▲ 图6-18 脑磁图设备

功能性核磁共振成像（Functional Magnetic Resonance Imaging，fMRI）和功能性近红外光谱（Functional Near-Infrared Spectroscopy，fNIRS）则是通过识别与神经元行为相关的血流动力学反应，分别获取血氧水平依赖性和大脑皮层中含氧与去氧血的变化，间接测量大脑的神经元活动的非侵入式测量技术。两者均具有很高的空间分辨率，能提供非常精确的大脑空间信息，但是它们的时间分辨率与 EEG 或 MEG 等技术相比则低很多。fMRI 设备由于体积较大和使用费用高，如图 6-19所示，对于将脑机接口投入日常用途来说不切实际，而 fNIRS 则是一种便携和低成本的选择，用于日常生活的可能性较大，如图 6-20 所示。

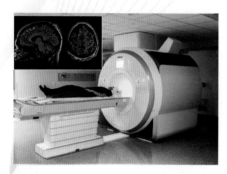

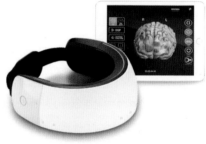

▲ 图 6-19 功能性核磁共振设备　　▲ 图 6-20 便携式功能性近红外光谱系统

侵入式记录方法则是一种将电极与脑组织直接接触的神经成像技术，常见的包括脑皮层电图（Electrocorticogram，ECoG）和皮层内神经记录（Intracortical Neuron Recording，INR）。与非侵入式记录方法不同，侵入式技术需要通过手术、机器植入或探针插入等方式来接收和记录神经活动，使用风险较大。

ECoG 也被称为颅内脑电图，是一种用电极记录电脉冲的方法，其背后的生理学原理与脑电图相同。该方法需要通过切开部分颅骨手术的方式，将电极绕过头皮和头骨等阻碍物质放置在大脑皮层表面，如图 6-21所示。由于电极与神经元的距离更近，ECoG 的测量敏感度也就更高，并具有更高的时间和空间分辨率。

  INR 是一种记录大脑灰质神经元活动的技术，和 EEG、ECoG 一样依赖于大脑的电脉冲。通过将铂或钨制成的穿透电极置于神经元细胞体附近或内部来观察电流，如图 6-22 所示。这项技术可以非常精确地检测到单个神经元的活动，INR 的空间分辨率极其高，超过了所有其他类型的侵入性和非侵入性神经成像技术，时间分辨率与 ECoG 近似。但这种方法伴有相应的风险，且随着时间的推移，由于组织损伤、异物排斥或电极在大脑中的移动会导致电极获取的信号减少。

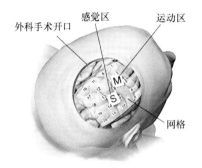 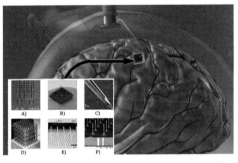

▲ 图 6-21 脑皮层电图技术   ▲ 图 6-22 皮层内神经记录技术

  图 6-23 比较了各类大脑信号采集技术的时间分辨率、空间分辨率及硬件操作复杂性。其中 EEG、MEG、ECoG 和 INR 为直接采集神经活动电信号的方法，而 fNIRS、fMRI、PET 和 SPECT 则为通过磁信号、

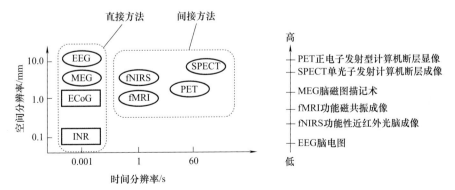

▲ 图 6-23 大脑信号采集技术的时间分辨率、空间分辨率及硬件设备复杂性比较

血氧信号等间接反映神经元的活动。在脑机接口的研究与产品开发中，应根据实际需求进行综合分析选择。

3. 大脑的解读：信号分析

大脑所发出的电信号是一种具有高度非线性、非平稳特性的随机性较强的信号，需要通过信号分析对采集到的信号进行解读，包含预处理、特征提取、特征分类 3 个环节。

采集到的原始脑信号通常包含其他降低信号质量的信息，这些信息被统称为噪声信号，通常来源于环境、生理和设备，形成了各种信号伪迹。预处理旨在不丢失大脑相关信息的前提下，提高信噪比（Signal Noise Ratio，SNR）来改善信号质量（信噪比越高表明背景噪声对脑信号的破坏性越小）。由于眨眼、心跳和动作等都是人较难自主控制的身体机能，不可避免地干扰了脑机接口系统所需的脑信号输出，可在脑信号采集的同时，同步记录眼电、心电、肌电等信号，并通过滤波或主成分分析、独立成分分析等统计分析方法去除，从而还原脑信号，如图 6-24 所示。针对环境噪声，应尽可能保障环境的安静，一般在特有的电磁屏蔽环境下进行。而源于设备的干扰，例如电源电容干扰、电极接触错误和电极漂移等，可以使用统计分析和视觉监控来克服。

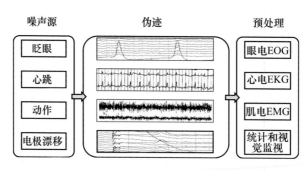

▲ 图 6-24 伪迹、噪声源及预处理方法

脑机接口的目的是检测并量化大脑信号的特征，这些特征表明了用户希望通过脑机接口所实现的意图。特征提取就是将能够表征某个意图

的相关信号特征从无关的干扰噪声中分离并表示出来的过程，可供人或计算机理解并解释。脑电信号特征提取常用方法包括：快速傅里叶变换（Fast Fourier Transform，FFT）、离散小波变换（Discrete Wavelet Transform，DWT）、功率谱密度（Power Spectral Density，PSD）、自回归模型（Autoregressive Model，AR 模型）、共空间模式（Common Spatial Pattern，CSP）等。

在脑机接口中，特征分类模型的目的是获取与不同认知活动相关联的模式类别， 模型分类能力的好坏取决于所提取的特征对不同类别的 EEG 模式的区分能力和所选择的分类方法。常见的具有代表性的分类方法有支持向量机(Support Vector Machine, SVM)、人工神经网络(Artificial Neural Network，ANN） 、贝叶斯网络（Bayesian Networks，BN） 、遗传算法（Genetic Algorithm，GA）和隐马尔科夫模型（Hidden Markov Model，HMM）等。

一般的脑机接口系统的研究流程如图 6-25 所示。首先选取合适的实验范式并设计实验，召集被试通过开展实验采集脑电信号数据，将采集到的原始数据通过转换、去噪、滤波等一系列操作，获得可供分析研究的信号。之后，选择合适的方法对信号进行特征提取和分类，通过这些环节将输入信号转换成输出信号，实现实验对象对控制装置的操作。

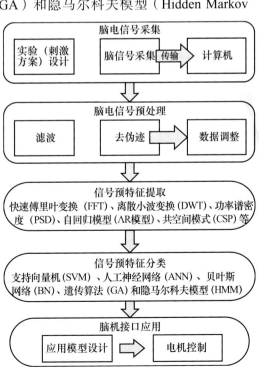

▲ 图 6-25 脑机接口系统开发流程

在过去的几十年里，脑机接口的研究在多个领域都取得了快速进展，相关学科与技术的进步都使得开发出更可靠、功能更强大的脑机接口系统成为可能。例如，新的硬件提高了记录并用于控制脑机接口采集大脑信号的信噪比，而创新的算法和机器学习技术提高了信号分类性能。在脑机接口这波研究热潮中，为进一步提高系统的容错性和可靠性，扩展脑机接口技术的创新应用，基于信息融合的多模态脑机接口研究正在迅速发酵，吸引大批学者投身于其中。

每一种信息的来源或者形式，都可以称为一种模态。例如，人的触觉、听觉、视觉、嗅觉；信息的媒介，如语音、视频、文字等。典型单模态是指基于单一类别信号，例如脑电，只能在简单思维活动层面识别不同类别任务，识别效率较低、系统通用性较差。由于大脑思维具有高度复杂性，通过多种途径分析思维任务的多模态系统，基于多种形式信号之间的互补性，通过融合和综合利用多类型信号，提供多类型多任务意图识别，并提高系统通用性和识别正确率，已经成为脑机接口发展的趋势。

多模态脑机接口系统（Multi-Modal Brain-Computer Interface，MM-BCI），可以只含一种脑信号，但包含了多个实验范式所诱发的不同电位信号；也可以包含多种脑信号，常见的组合方式包括：EEG 和fMRI、EEG 和 fNIRS、EEG 和 MEG、正电子发射计算机断层显像（Positron Emission Tomography/Computed Tomography，PET-CT）和 fMRI 等。除多种脑信号外，面部表情、眼动、心率、肌电等都可以作为识别人状态或情绪的有效信号指标，能够成为与脑机接口融合的对象，同时采集多源信号，融合内外状态、微观宏观行为特征综合判断，可有效提高系统精准度，切实提升脑机接口系统的实际应用价值。

6.2.3　脑机接口可以给人类带来什么

虽然脑机接口的初衷是用于帮助病人和残障人士，尤其是大脑和四肢受到伤害、思维和行动不便的，但是随着脑机接口技术的逐步发展，它的应用前景可远不止于此。一方面，我们已经知道脑机接口能够通过检测神经活动模式识别大脑的思维意图，并将其转化为可被计算机接收的机器指令，即实现了将人类大脑思维从身体的局限中解放出来，通过控制外部设备来替代、辅助人的运动能力、感知能力和认知能力；另一方面，脑机接口通过适当的感官刺激或认知事件诱发相应的中枢神经活动可实现机器意图对大脑思维模式的诉求表达。在这种情况下，计算机接收大脑传来的命令，或者是发送信号到大脑（例如视觉重建、人工耳蜗），但不能同时发送和接收信号，属于单向脑机接口。而双向脑机接口允许脑和外部设备间的双向信息交换，例如被试在控制机械臂触碰到物体后，可以用电信号刺激体感皮层，让被试感觉到自己触碰到了物体，而不是仅能通过视觉来了解控制的结果。

目前，脑机接口技术不仅在残疾人康复、老年人护理等医疗领域具有显著的优势，在教育、军事、娱乐、艺术领域也具有广阔的应用前景。接下来，就让我们通过具体的案例来了解脑机接口到底可以给我们的生活与工作带来怎样的变化，同时又面临着什么样的风险与挑战。

1. 治疗疾病与辅助康复

脑机接口在医疗领域有多种应用，包括预防、检测、诊断、康复和恢复。例如针对多动症、中风、癫痫等疾病以及残障人士采用脑机接口做对应的康复训练，采取的主要方式是神经反馈训练，这一方向已经在全世界多个国家的一些医院、康复中心开始投入使用。我国天津大学的神经工程团队于 2014 年研制成功首台适用于全肢体中风康复的人工神经机器人系统——"神工一号"，如图 6-26 所示。该系统融合了运动想象（Motor Imagery，MI）脑机接口和物理训练康复疗法，在中风患者体外仿生构筑了一条人工神经通路，经过模拟解码患者的运动康复意念信息，驱动多级神经肌肉电刺激技术产生对应动作，在运动康复训练的同时，促进患者受损脑区功能恢复以及体内神经通路的可塑性修复和重建。该团队开发的一系列神经康复机器人已经在我国多家医院取得成功的临床应用。

 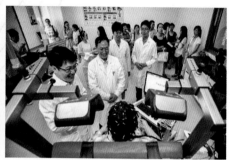

▲ 图 6-26 "神工一号"人工神经康复机器人系统

2020 年北京时间 8 月 29 日 Elon Musk 创办的致力于开发脑机接口技术的 Neuralink 公司展示了最新研究成果，他们已将新一代的 Neuralink 芯片（直径 23 mm，约硬币大小）成功植入一只名叫格特鲁德（Gertrude）的猪的脑中，这只小猪健康的状态证明了整个移植的过程是可逆的。若这一技术未来能成功应用于人类，有望被用于治疗神经系统的疾病，比如瘫痪、抑郁、失忆等脑部或脊髓受损的病症。

2. 辅助交流和行动控制

2017 年 3 月和 4 月，由 Elon Musk（图 6-27）创办的致力于开发脑机接口技术的 Neuralink 公司和 Facebook 公司先后公布了他们关于脑机接口的研究计划。不同的是，Neuralink 公司的"神经蕾丝"技术需要在大脑上用激光开孔，之后将人发丝 1/4 粗细的线路植入脑中，通过线路上的电极和传感器检测神经元活动，并从细胞中捕捉信息后发送到计算机进行分析，实现意念控制，属于侵入式脑机接口。而 Facebook 在

F8 开发者大会上所宣布的"意念打字"项目（图6-28）则将实现非侵入式的意念控制。Facebook 公司称它有一个由 60 名工程师组成的团队正在开发一种脑机接口，可以让用户在没有侵入性植入物的情况下采用大脑意念打字。研究小组计划使用光学成像技术，以每秒 100 次的速度扫描大脑，以检测大脑信号，并将其翻译成文本，目标是实现每分钟 100 个单词的打字速度。

▲　图 6-27　Neuralink 公司创办人 Elon Musk　　　▲　图 6-28　Facebook 团队意念打字项目

2020 年 1 月 16 日，浙江大学对外宣布了"双脑计划"科研成果，被植入电极的 72 岁高位截瘫患者可以利用大脑运动皮层信号精准控制外部机械臂与机械手实现三维空间的运动，同时证明了高龄患者利用植入式脑机接口进行复杂有效的运动控制是可行的。这是我国首例侵入式脑机接口临床转化研究成果。

3. 特殊环境作业

人类思维直接控制远程机器人的想法，一直是《阿凡达》和《替身》等好莱坞电影的主题，现在机器人技术和脑机接口技术的进步使这一想法更接近现实。脑机接口特种机器人在危险或不适宜人工操作的环境中（例如航空航天、军事等领域）有巨大的应用价值，能够为航天员、军人等特殊人群提供肢体约束环境下的"第三只手"和神经功能层面融合的自适应自动化人机协作，帮助他们完成更多更复杂的工作任务。由天津大学的神经工程团队开发的脑机接口系统攻克了太空飞行过程中在轨资源有限对试验平台质量、体积、功耗的约束，通过了百余人次的地基实验和 23 项航天测试。2016 年 10 月 21 日，航天员景海鹏和陈冬在"天宫二号"空间实验室，采用该系统完成人类首次太空脑机交互实验，相关新闻报道如图 6-29 所示，全面了解并验证了脑机交互技术在复杂空间环境中的适用性。该系统的建立和成功测试为我国载人航天工程的新一代医学与人因保障系统提供关键技术支撑。

▲　图 6-29　"天宫二号"开启太空脑机交互实验的相关新闻报道

4. 游戏娱乐

2018 年，神经科技初创公司 Neurable 推出了首款基于脑部控制的虚拟现实（Virtual Reality，VR）游戏 Awakening，玩家无需任何控制器，可以通过大脑意念操控游戏中的物体。这款游戏将佩戴 VR 头盔的玩家塑造成一个拥有心灵遥感能力的孩子，必须通过使用意念能力捡起各种玩具：气球狗、字母积木、堆积彩虹的圆环，扔出去后才能逃离政府实验室。如图 6-30 所示，Awakening 使用的是虚拟现实头盔，上面附带有 7 个电极，用于采集脑电信号来获取事件相关电位。这意味着通过采集来自大脑直接接收到的每一个刺激，并与处理神经信号的软件相结合，从而实现了佩戴者无须使用任何手动控制器就可以玩游戏的操作。Neurable 的联合创始人兼首席执行官 Ramses Alcaide 说："我们基本上创造了一只大脑鼠标。"

▲　图 6-30　游戏 *Awakening* 使用虚拟现实头盔

5. 情感表达与创作

音乐是调节情绪的一种强有力的方法，可以使听者感受到从欢乐到忧郁的多种情绪。音乐疗法使患者通过音乐与治疗师互动，以此促进沟通并改善患者情绪状态。英国雷丁大学和普利茅斯大学的研究团队开发了一个情感脑机音乐接口（Affective Brain Computer Music Interface，aBCMI），用来调节使用者的情感状态，目的是让用户与音乐进行交互或控制音乐的某些属性。该系统首先采集用户的生理信号（包括脑电、心电图以及呼吸频率等）；通过情感状态检测模块识别用户当前的情感状态；基于案例的推理系统，确定如何将用户从他们当前的情感状态转移到新的目标情感状态（喜悦、开心等）；并采用音乐生成器向用户播放音乐，以便通过基于案例的推理系统识别出最合适的情感轨迹，将用户情绪状态移至目标状态。

情感脑机音乐接口提供了直接将思想转化为表演的可能性，通过产生与患者的情绪状态相匹配的音乐，为残障人士提供音乐创造渠道，让他们能够主动控制音乐，例如演奏或即兴创作新音乐。图 6-31 所示为4 名患有不同程度闭锁综合征的患者通过情感脑机音乐接口实时生成乐谱，供坐在对面的音乐家演奏的过程，这场演奏曲目被称为《记忆激活（*Activating Memory*）》。

▲ 图6-31 使用aBCMI技术实时生成乐谱供弦乐四重奏乐团演奏

人类在技术上的任何巨大进步都伴随着巨大的道德和伦理责任，脑机接口技术由于直接涉及人类最核心器官——大脑，所带来的伦理冲击也更加显著，涉及人的安全、知情同意、隐私等问题。

在脑机接口研发过程中，大量的大脑数据源于参与者的大脑皮层、硬膜下和颅外等，人们对脑信号数据收集的风险表示担忧，尤其是侵入式采集方法。在手术过程中，开颅、植入电极都可能会使大脑组织产生局部机械损伤。参考深层脑刺激（Deep Brain Stimulation，DBS）数据来看，脑部手术有2%~4%的概率出现脑部大出血和2%~6%的概率发生感染，术后植入电极还可能带来排异反应，引起脑组织损伤；另外，电极植入后的使用时长也尚无可靠数据。虽然有记录显示电极植入五年后仍能继续运行，但是电极的包装、腐蚀、迁移预定位置等问题都有待深入研究。

美国杜克大学神经伦理学教授尼塔·法拉哈尼在接受《MIT科技评论》采访时说："对我而言，大脑是思想、幻想和异议自由的一个安全的地方，在没有任何保护的情况下，我们已经接近跨越最后的隐私边界。"的确，当人的大脑意识可以被准确地读取，那么则意味着大脑当中丰富的隐私数据将有可能被泄露或窃取。随着脑机接口技术的发展，无疑需要提供足够安全的措施来保障用户的隐私数据安全。

此外，随着脑机接口技术与虚拟现实、人工智能等领域的结合，在当前已经实现了"脑控"的同时，会不会有人应用该技术来"控脑"和

"洗脑"是不得而知的。正如电影《黑客帝国》当中所描绘的那样，先进技术虽带来了无限的可能，但如果没有强有力的保护措施，也存在着被黑客攻击的风险，而这种攻击可能是致命的。因此，只有消除技术发展带来的不确定性因素，才能确保先进技术的自主可控，使之造福人类而不是成为让人自危的"嗜血怪兽"。

总而言之，脑机接口技术给人类社会带来的影响是深远的，它已经开始切实改善人们的生活。但是随着该技术从实验室过渡到现实世界，滥用脑机接口的可能性也很大。虽然现有的医疗应用中诸如知情同意、风险与收益的对比分析等措施，可以在短期内指导脑机接口的投入使用，但目前还尚未有适当的伦理准则和法律以规范未来更先进的脑机接口应用。我们讨论此部分的目的是希望读者意识到渗透到脑机接口研究中的一系列伦理和道德问题，从脑机接口技术可能带来的风险到脑机接口安全应用的需要，以及对法律和社会正义问题的讨论。也希望关于这个主题的讨论能够在不久的将来有助于制订国际上接受的脑机接口道德准则，从而让更多的普通大众更加放心、安全地接受并使用这一技术，并从中受益。

参考文献

[1] 威肯斯 C D，李 J D，刘乙力，等．人因工程学导论 [M].2 版．张侃，等译．上海：华东师范大学出版社，2007.

[2] MARMARAS N，POULAKAKIS G，PAPAKOSTOPOULOS V. Ergonomic design in ancient Greece[J].Applied Ergonomics，1999，30（4）：361-368.

[3] 阮宝湘．工业设计人机工程 [M]. 3 版．北京：机械工业出版社，2017.

[4] 许为，葛列众．人因学发展的新取向 [J]. 心理科学进展，2018，26（9）：1521-1534.

[5] 施建中．中国古代史 [M].北京：北京师范大学出版社，1996.

[6] 桑德斯，麦考密克．工程和设计中的人因学 [M].于瑞峰，卢岚，译．北京：清华大学出版社，2009.

[7] 王继成．产品设计中的人机工程学 [M].北京：化学工业出版社，2011.

[8] 陈悦源，方卫宁，刘慧军．基于人因工程学的轨道车辆无障碍设计 [J].机械设计，2019，36（8）：20-31.

[9] VINK P，BRAUER K.Aircraft interior comfort and design[M].Boca Raton，Florida：CRC Press，2011.

[10] 蒋祖华，赖朝安．人因工程 [M].北京：科学出版社，2011.

[11] 薛澄岐．复杂信息系统人机交互数字界面设计方法及应用 [M]. 南京：东南大学出版社，2015.

[12] 吴瑜．人机交互设计界面问题研究 [D].武汉：武汉理工大学，2004.

[13] 仇岑，薛澄岐．飞机驾驶舱显控系统生态界面设计研究 [J].人类工效学，2009，15（1）：39-43.

[14] 徐盛嘉，王巍，田东，等．负重对军人的不利影响和对策研究 [J].军事体育学报，2018，37（2）：1-4.

[15] 马继政，夏传高，张爱军.作战人员肌肉骨骼损伤的预防研究进展 [J].四川体育科学，2014，33（3）：39-42.

[16] 郭伏，钱省三.人因工程学 [M].北京：机械工业出版社，2018.

[17] 狩野広之.不注意とミスのはなし [M].东京：劳动科学研究所，1972.

[18] 朱金善，孙立成，洪碧光.背景亮度及眩光对夜航船舶避碰的影响 [J].大连海事大学学报，2003（3）：48-51.

[19] 于连栋，刘巧云，丁苏红，等.失能眩光形成机理的研究 [J].合肥工业大学学报（自然科学版），2005，28（8）：866-868.

[20] 张万永.眩光效应原理机制解析 [J].光电技术应用，2015，30（1）：44-47，53.

[21] 庞蕴繁.视觉与照明 [M].北京：中国铁道出版社，2018.

[22] STANTON N A，YOUNG M S. Driver behaviour with adaptive cruise control[J]. Ergonomics，2005，48（10）：1294-1313.

[23] 沃克盖伊 H，斯坦顿内维尔 A，萨蒙保罗 M.汽车人因工程学 [M].王妤通，译.北京：机械工业出版社，2018.

[24] 谭浩，孙家豪，关岱松，等.智能汽车人机交互发展趋势研究 [J].包装工程，2019，40（20）：32-42.

[25] LEE J D，SEE K A. Trust in automation：designing for appropriate reliance[J]. Human Factors，2004，46（1）：50-80.

[26] HOFF K A，BASHIR M. Trust in automation：integrating empirical evidence on factors that influence trust[J].Human Factors，2015，57（3）：407-434.

[27] MUIR B M. Trust in automation：part I.Theoretical issues in the study of trust and human intervention in automated systems[J].Ergonomics，1994，37（11）：1905-1922.

[28] 王新野，李苑，常明，等.自动化信任和依赖对航空安全的危害及其改进 [J].心理科学进展，2017，25（9）：1614-1622.

[29] JIAN J Y，BISANTZ A M，DRURY C G. Foundations for an empirically determined scale of trust in automated systems[J].International Journal of Cognitive Ergonomics，2000，4（1）：53-71.

[30] GANZER P D，COLACHIS 4TH S C，SCHWEMMER M A，et al. Restoring the

sense of touch using a sensorimotor demultiplexing neural interface[J].Cell，2020，181（4）：763-773，712.

[31] FARWELL L A，DONCHIN E. Talking off the top of your head：toward a mental prosthesis utilizing event-related brain potentials[J].Electroencephalography and Clinical Neurophysiology，1988，70（6）：510-523.

[32] NAM C S，NIJHOLT A，LOTTE F. Brain–computer interfaces handbook：technological and theoretical advances[M].Boca Raton，Florida：CRC Press，2018.

[33] 袁道任 . 基于多模态脑电信号的脑机接口关键技术研究 [D]. 郑州：郑州大学，2013.

[34] 陈丽娜，王大洲 . 脑机接口负责任创新研究进展 [J]. 工程研究 - 跨学科视野中的工程，2019，11（4）：390-399.

[35] 李佩瑄，薛贵 . 脑机接口的伦理问题及对策 [J]. 科技导报，2018，36（12）：38-45.